游能俊醫師的
133低醣瘦身餐盤

游能俊醫師——著
周玉琴——料理設計

Contents

Part 1
中式小點，一份醣餐盤

Part 2
米飯 & 根莖澱粉，一份醣餐盤

Part 3

麵食料理，一份醣餐盤

Part 6
一份醣的烘焙點心

附錄一／快速掌握一份醣①──米麥類

附錄二／快速掌握一份醣②──根莖雜糧類＆乳品類

附錄三／快速掌握一份醣③──水果類

附錄四／「豆魚蛋肉類」的手掌測量法①──小型手掌

附錄五／「豆魚蛋肉類」的手掌測量法①──中型手掌

附錄六／「豆魚蛋肉類」的手掌測量法①──大型手掌

附錄七／糖尿病友的控糖日記

我是糖尿病醫師，也曾經歷糖尿病前期

我是新陳代謝科醫師，今年（二〇二二年）滿六十歲。行醫三十年照顧過許多糖尿病人，我也是糖尿病人的家屬，自己也曾經是處於「糖尿病前期」的準糖尿病人。當時的我身高 163 公分，體重卻達 78 公斤，BMI 大於 30kg/m²，已達醫學認定的「肥胖」標準。後來從飲食、運動著手，減重 24 公斤，體重維持在 53 ～ 54 公斤、體脂 20% 以下，並維持超過一年以上。這幾年，我也用同樣的方法，協助民眾逆轉糖尿病前期。

飢餓療法，不再是治療糖尿病的唯一方法

從事糖尿病治療已三十年，很清楚飲食控制是很重要的一環。糖尿病治療隨著年代在改變，以前大家一聽到營養，就覺得好像是一個很艱難的學習課題，但其實就只是每天的飲食調控。糖尿病飲食到底要怎麼調整？大家普遍知道的是不喝含糖飲料、不吃甜食、少吃飯等澱粉類食物。

在胰島素尚未發明的年代，限制食物，尤其是澱粉，或是採取飢餓療法，可以讓胖的人一下子瘦很多，在欠缺有效治療藥物的情況下，是唯一的方法。在降糖藥物接續問世之後，就發現不用挨餓也可以控制血糖，不需要太過於限制醣類的攝取。當時的醫學專家們達到的共識是，將醣類在飲食中的比例建議為 45 ～ 60%。直到一九九七年有第 1 型糖尿病預防性

試驗，運用在第 1 型糖尿病，當多吃澱粉時，只要多打胰島素就可以將血糖控制住，醣類比率法開始鬆動。

第 2 型糖尿病的飲食建議一直沿用相同的醣類比例，直到二〇一四年實證醫學放棄了醣類營養素比例法，隔年也取消了對蛋攝取的嚴格限制建議。當時我擔任衛教學會理事長，二〇一五年召集營養師團隊修改學會教材內容，以符合實證的飲食建議，更新專業人員的運用資訊。

過重與肥胖在第 2 型糖尿病上非常普遍，減重與第 2 型糖尿病的預防及治療有很大的關係。雖然學習計算熱量、精算營養素比例對於民眾而言是困難的，但在醫學不主張營養素比例法之後，不同的飲食主張流派就多起來了，都是希望能達到控糖又減重。我們有二十幾位衛教師一起來照顧病人，也持續分析病患資料並發表運用，不停地探討用什麼方式可以讓照顧的成效愈來愈好。

糖尿病家族史，不可輕忽的高危險群者

二〇一六年我寫了一本《人生不慌糖》的書，從飲食、運動、藥物、心理的調適等各個面向，討論如何與糖尿病共處，書中的一個重點是，運用檢測血糖來掌握健康。在鑽研低醣飲食療法五年後，有了新的運用，開啟了預防、治療糖尿病更有效且持久的方法。

二〇一七年起，我們團隊強化了飲食調整在糖尿病治療扮演的角色，當時我的糖化血色素持續在超標的邊緣，正常的糖化血色素須低於 5.7%，5.7 ～ 6.4% 為糖尿病前期，超過 6.5% 是糖尿病。糖化血色素曾達 5.8% 的我，正處於糖尿病前期，很適合測試食物對血糖的反應。我晨起的血糖大約都落在 95mg/dL 左右，還在正常的 100mg/dL 以下，但無論如何，起

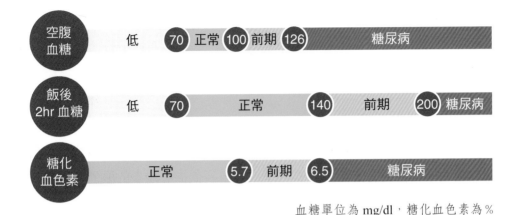

空腹血糖	低	70	正常	100	前期	126	糖尿病
飯後2hr血糖	低	70	正常		140	前期	200	糖尿病
糖化血色素	正常		5.7	前期	6.5	糖尿病

血糖單位為 mg/dl，糖化血色素為 %

床時的血糖都已經偏高了，食物稍不控制，餐後血糖就會飆高，這樣的狀況對我來說有兩個警訊：一是常常跟病人說要減重，結果自己的體重也過重；二是我有強烈的糖尿病家族史，外祖母因為糖尿病過世，經過 10 ～ 15 年左右，阿姨也走了，兩位都是很疼愛我的長輩，卻都因為糖尿病去世。我的晚輩也有幾位因為糖尿病來看診。

從自我血糖測試，建立「133 低醣飲食」

我們身為醫療人員，每年都會進行健康檢查，讓我更要下定決心做改變，用紮紮實實的飲食及運動方法，讓身體更健康。我們開始密集的自我測試血糖，標準測試包括餐前一次及用餐後每 30 分鐘測一次，來觀察含醣食物（在 20 分鐘內吃完）對血糖的影響，分別觀察一、二、三份醣

量，比較白米與糙米的血糖變化，測試各種醣類食物，包括水果、飲料、甜點等，將結論運用在衛教工作上。

過去一餐兩碗飯我也吃得完，開始控醣之後，也會不習慣及缺乏飽足感，後來慢慢調整到適合狀態，也可以在臉書、YouTube 上看到我的提倡：飯先裝好，例如半碗或更少，再把蔬菜、蛋白質往上加，先吃蔬菜跟蛋白質，配菜吃兩次（之後調整至吃完三次配菜）才吃到飯。當我開始提倡減醣之後，台灣有人大力鼓吹生酮飲食。我們擔心過多的酮體在身體會造成酮酸中毒，酮酸中毒是糖尿病的重症，需要住到加護病房。生酮飲食用於沒有糖尿病人的身上，也有出現少數不良事件，要是糖尿病人自行執行生酮飲食我們更加擔心，所以我一直反對生酮飲食。

二〇一八年起，我們診所做了一個創舉，開始啟動全面性身體組成測量，根據身體的肌肉脂肪量，設計營養素分配。從一餐兩份醣調整為一份醣，一方面是根據我自己測量血糖的結果，一份醣的餐後血糖比較能達到我自己期望的結果，大部分能落在 160mg/dL 以下。一方面我們去對照每一位病人，在醣類、蔬菜、蛋白質營養素分量指導下，所得到的治療效果，包括血糖改善達標、糖尿病藥物減量程度、血脂肪良好控制率、腎功能保存、減少的體脂肪重量、所增加肌肉量等，從這些監控的指標，建立了「133 飲食」，也就是一份醣、三份蔬菜、三份蛋白質的起始營養素配量，作為減醣飲食的建議，是可以介紹並推廣給大眾的。

糖尿病前期、減重者，執行後成效顯著

我們的研究先從有糖尿病的人開始，看到成效後，很快也就運用於糖尿病前期及減重者的飲食衛教，幫助了許多前來求診或是在臉書社團「糖

管理學苑」的成員。糖尿病前期不像糖尿病一樣有健保給付的治療指引，但是我們有飲食調理的技術，讓他們逆轉了代謝異常，延緩了健康惡化。我們並不做網路醫療，也不販售產品，在社團裡，我們談的就是控糖、減醣、運動、減脂增肌。

依照我們設定的營養素，進行兩週時間，就可以觀察得到身體肌肉脂肪組成的變化，尤其是對剛開始代謝失調的人，改善效果非常顯著。在達到飲食改變及運動習慣後，有些病人在三個月的時間就減重超過十公斤，減重速度比我還快，當然每個人的基礎點不同，我也常常受到這些激勵。二〇一七年到現在，推動「133 低醣飲食」已進入第五年，累積了超過三萬人次實證，也鼓勵並指導運動調整，許多人的體重降回年輕時期，活動力變好，對健康的掌握更有自信。

執行「133 低醣飲食」的身體變化

	控醣前	控醣後
糖化血色素	5.8%	5.5%
體脂	30%	15%
體重	78 公斤	54 公斤

結合廚師、營養師、護理師的優秀團隊

感謝我的團隊一直陪著我測糖，一直幫忙準備食物的是助理玉琴。在二〇一七年我們同時啟動兩件事情，一件是運動學習，成立「能 Gym 運

動中心」，另一是設立「巧味食醣」餐廳。玉琴從一位行政助理跟著團隊一起學習運動、學習烹飪。我喜歡到餐廳用餐，喜歡這些工作人員是以一種輕鬆又為你費心準備的用餐氛圍。

因為工作關係，我的午餐、晚餐都是在診所餐廳享用，雖然平常用餐人數不多，但從採買、發想食材、變化菜色，玉琴一直在研發與創新。在我們的工作中，教導一份醣要知道飯是多少重量，特別是我要測糖，食物必須秤重才精準，所以她也做了很多重量的學習，考了餐飲證照及在「巧味食醣」餐廳教導大家如何製作美味的一份醣菜色。每天上班的早晨，我都需要來一杯咖啡，她為了讓我手中咖啡更美味，也學習了「飲料調製」的證照，飲食方面她做了很多的學習，因此在這本書中的餐飲部分也請她協助。

佳惠除了是護理師，也是我們診所三位「西餐丙級技術士」認證員工中，最早在「巧味食醣」餐廳進行實作的，在臉書「糖管理學苑」中有許多低醣烘焙的分享。

奕映是營養師，在這本書中，她將每道餐盤中的所有材料實際秤重並計算營養素，特別將醣類分為非蔬菜、蔬菜、膳食纖維（不上升血糖）、淨醣（扣除膳食纖維），使用淨醣的運算方式，可些微上調碳水攝取量，但影響食物克數及血糖數值有限，讀者可自行決定運用方式。蛋白質分為高生理價的豆魚蛋肉類及其它來源，在標示上凸顯食物提供蛋白質營養素的多樣性，運用上的重點為高生理價蛋白質食物的估算。各章節中詳述了許多營養與食物的知識，可以當工具書，想簡化運用時，可以直接參考實用的餐盤比例原則。

◆ 我的團隊集結了廚師、護理師、營養師、健身教練等專業,從醫療、飲食、運動各面向,照護大家的健康。

18～99歲都適用的飲食法

「133低醣瘦身餐盤」，是以一份醣、三份蔬菜、三份蛋白質的營養分配，適合十八歲以上的大多數成人。青少年與懷孕階段婦女，醣量需調高至二份，高齡者原則上不需改變，而是要根據牙口及食慾，調整食材與烹調。使用藥物治療糖尿病的人，需要諮詢醫療團隊，要特別留意避免低血糖。

專注掌握醣量的學習，增蔬則是習慣的養成，剩下來需要再調整的部分，只有因身高與活動量不同所需增加的蛋白質分數。想要精準估量醣類及蛋白質營養素分數的讀者，可以運用「游能俊診所」的APP，提供醣類及蛋白質一份的食材重量查詢，歡迎大家下載運用。

◆ 掃描此QR Code，下載「游能俊診所」APP，即能得到許多衛教資訊。

「133 低醣餐盤」使用說明

醣類又分成「非蔬菜醣量」與「蔬菜醣量」，減醣主要是針對蔬菜以外的醣。也不用擔心一份醣的攝取量不足，因為在蔬菜、調味料中，仍含有少量的醣。

醣類的字義接近於碳水化合物，書中這兩個名詞會交替使用，或簡稱為「碳水」。低醣飲食相當於低碳水化合物飲食。

蛋白質來源又分為「豆魚蛋肉類」、「非豆魚蛋肉類」。米、麥、蔬菜中也含有少量蛋白質，含量就會列在「非豆魚蛋肉類」中。

淨醣量才是會影響血糖的營養素。醣類－膳食纖維＝淨醣量。

「133 低醣餐盤」的「1」，指的是一份醣主食，為 15 公克的碳水化合物。可參考書末列出的常見 1 份醣主食。

「133 低醣餐盤」的第一個「3」，指的是 3 份蛋白質，每一份含蛋白質 7 公克。書中每個餐盤設計約含有 3 ～ 5 份蛋白質。
可利用手掌大小計算蛋白質分量，請參考書末附錄。

「133 低醣餐盤」的第二個「3」，指的是 3 份蔬菜。書中每個餐盤設計約含有 3 ～ 5 份蔬菜。
煮熟的蔬菜約 1 碗半、未煮熟的生菜約 300 公克為一份醣。

本書提供了 60 道料理、近 50 個「133 低醣餐盤」示範，除了可以照著吃，也能自行掌握醣類、蛋白質、蔬菜的分量，安排自己的低醣餐盤。

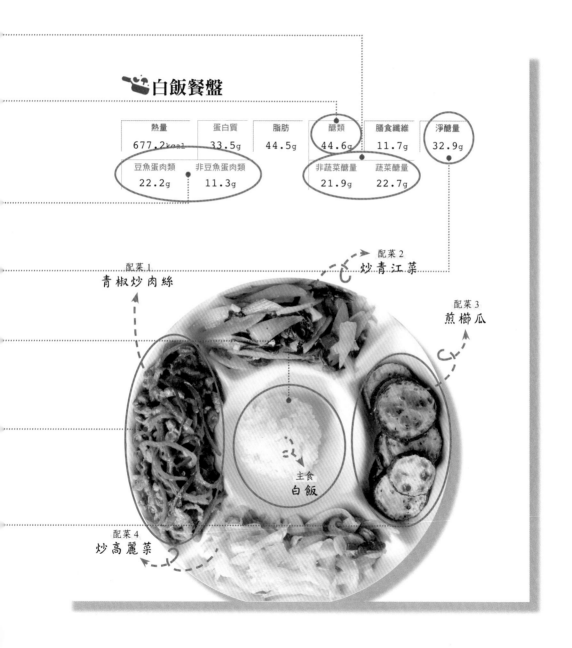

白飯餐盤

熱量	蛋白質	脂肪	醣類	膳食纖維	淨醣量
677.2kcal	33.5g	44.5g	44.6g	11.7g	32.9g

| 豆魚蛋肉類 | 非豆魚蛋肉類 | | 非蔬菜醣量 | 蔬菜醣量 | |
| 22.2g | 11.3g | | 21.9g | 22.7g | |

配菜 1
青椒炒肉絲

配菜 2
炒青江菜

配菜 3
煎櫛瓜

主食
白飯

配菜 4
炒高麗菜

Part 1

中式小點，
一份醣餐盤

一窺碳水的
多樣面貌

　　碳是食物結構化學式無所不在的原子，相較於胺基酸直鏈只有兩個碳，或是脂肪酸 18 個長鏈碳，6 碳環形結構是碳水化合物的共同結構。減碳、低碳，除了環保用詞外，也出現在飲食主張的詞句中，既然無所不在，追求趨近於零的調整，既非需要，更無可能。

　　碳水化合物這個名稱涵蓋了單醣（葡萄糖、半乳糖、果糖）、雙醣（蔗糖、麥芽糖、乳糖）、多醣（直鏈澱粉、支鏈澱粉）、寡醣、膳食纖維（水溶性、非水溶性），這其中寡醣及纖維是難以消化為小分子，不會增加血糖。

　　請注意「糖」、「醣」這兩個中文用字的區別，醣的字義接近碳水化合物，低醣飲食等於低碳水化合物飲食，不過就食品標示而言，碳水化合物是更接近化學式的用詞，因此，我們讀到的標示會呈現：碳水化合物總量、其中的糖（添加或本身）及膳食纖維含量。醣這個字，則廣泛使用於可以食用的醣，包括食物，或是寡醣、多醣體類保健產品，在這本書中，我們會交替使用醣及碳水化合物這兩個名詞。

　　糖指的則是食物本身或是添加的單醣及雙醣，這類醣的分子小，消化吸收迅速，短時期內就會使血糖上食，當我們說「戒糖」，指的是儘量少吃到添加糖。

　　淨醣並不是食品標示規範的要求，而是將總醣量（碳水化合物）扣除膳食纖維後的結果，呈現的才會是影響上升血糖的醣量，一份醣等於 15

公克碳水化合物。在食譜示範中，皆會標示「醣類」與「淨醣量」，醣類－膳食纖維＝淨醣量，即是會影響血糖的營養素。

煎蘿蔔糕餐盤

熱量	蛋白質	脂肪	醣類	膳食纖維	淨醣量
511.1kcal	28.1g	34.4g	28.0g	6.6g	21.4g

豆魚蛋肉類	非豆魚蛋肉類		非蔬菜醣量	蔬菜醣量
23.0g	5.1g		21.4g	6.6g

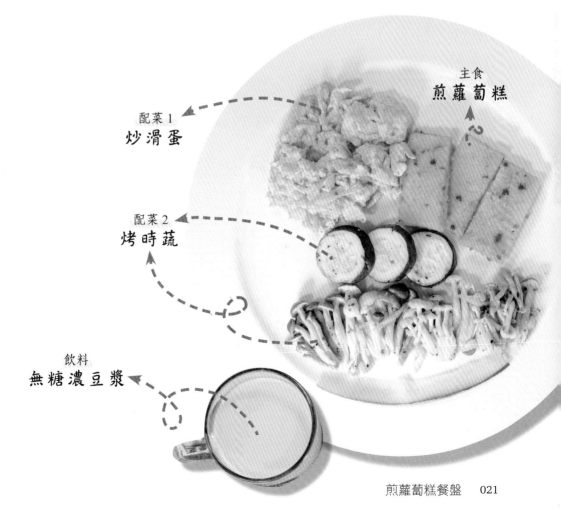

主食
煎蘿蔔糕

配菜 1
炒滑蛋

配菜 2
烤時蔬

飲料
無糖濃豆漿

主 食 | 煎蘿蔔糕

材　料｜蘿蔔糕約 90 公克、油 1.5 茶匙

作　法｜

1 將蘿蔔糕平均切片，約 1.5cm。

2 中小火熱油鍋，手持鐵鍋將油佈滿鍋子中間處，放入蘿蔔糕油煎。目測蘿蔔糕邊緣呈金黃色後再翻面，避免過程不斷翻面，煎至兩面金黃色。

配菜 1 | 炒滑蛋

材　料｜雞蛋 2 顆、油 1 茶匙

調味料｜鹽適量、白胡椒粉少許

作　法｜

1 雞蛋打散，加適量鹽與白胡椒調味。

2 熱鍋倒入 1 茶匙油，倒入蛋液快速攪拌至八分熟。

配菜 2 | 烤時蔬

材　料｜綠櫛瓜 30 公克、鴻喜菇 50 公克、雪白菇 50 公克、油 1 茶匙

調味料｜鹽適量

作　法｜

1 將綠櫛瓜切片與菇類拌上 1 茶匙油與適量鹽。

2 放入氣炸鍋，以 180 度氣炸 8 分鐘。

飲 料

無糖濃豆漿 250 毫升

請專注於
非蔬菜的醣

蔬菜含醣，但因膳食纖維消化吸收後，所增加的血糖幅度較少且緩和，所以才有蔬菜是「好醣」的說法。相對於「好」，那「壞」呢？，我同意好的比喻，但對食品可以提供營養素的觀點，我不認為有「壞」的食物或醣類，而是我們為了健康的目的，要學習食用數量的掌控。

米飯、麵食、麵包、糕點、奶類、水果、含糖飲料，對血糖的影響遠高於蔬菜，而且非常容易攝取過量。過量的主因來自大眾過往的生活習慣及環境，「主食」在不同餐飲文化呈現的食物內容不同，在華人指的是米飯、麵食、麵包，西式餐飲的「主」餐盤，則是蛋白質食物。大眾習慣以為「主」是主要、最重要、最飽足、最大分量的意思，但就食物從咀嚼到胃腸道所需的消化吸收時間而言，蔬菜及蛋白質食物，需要更長的時間。減了飯麵就吃不飽，是個迷思與制約。減少主食其實可兼顧飽足及營養，只是在餐盤上的優先調整是增加蔬菜，同時留意蛋白質食物是否足量。

本書食譜以一份醣來呈現非蔬菜醣類的估算量，包括了大部分常見的含醣「主食」，例如黑糖饅頭食譜中的饅頭以 30 公克估算，在計算蔬菜及所有食材後，淨醣量為 22 公克。非蔬菜醣類還計算了來自烹煮時調味的醣，例如醬油、烏醋，同樣的方式，蒜頭、薑、辣椒會計算為蔬菜的含醣量，雖然佔量不多。減醣主要還是要針對蔬菜以外的醣為主。醣攝取分量大概是未減醣前的 1/4 ～ 1/8，建議入門者，可以採取漸進減半的方式調整。

 **黑糖饅頭餐盤**

熱量	蛋白質	脂肪	醣類	膳食纖維	淨醣量
413.1kcal	23.2g	25.8g	24.4g	2.4g	22g

豆魚蛋肉類	非豆魚蛋肉類		非蔬菜醣量	蔬菜醣量
19.9g	3.3g		21.3g	3.1g

主食 黑糖饅頭

材　料｜冷凍黑糖饅頭 1/3 個（約 30 公克）

配菜 1 煎火腿蛋與德國香腸

材　料｜雞蛋 1 顆、火腿肉片 2 片（約 40 公克）、德國香腸 1 條（約 40 公克）、油 1.5 茶匙

作　法｜熱鍋倒入油，將蛋、香腸煎熟即可。

配菜 2 煎櫛瓜

材　料｜綠櫛瓜 40 公克、油 0.5 茶匙

調味料｜鹽適量、黑胡椒粒少許

主食
黑糖饅頭 ◀- - -

配菜 3 ◀- - -
生菜

作　法

1 將櫛瓜切 0.5 公分左右備用。

2 熱油鍋，小火慢煎櫛瓜至微焦後翻面。

3 兩面都上色後，撒上鹽巴、黑胡椒粒即可。

配菜 3　生菜

材　料│小黃瓜 20 公克、牛番茄 50 公克

飲　料

無糖義式咖啡 1 杯

增加蔬菜量、留意蛋白
質是否足量，即使減少
碳水化合物主食也能吃
得飽足。

配菜 1
煎火腿蛋與德國香腸

飲料
無糖義式咖啡

配菜 2
煎櫛瓜

蛋白質營養素
從哪裡來？

食物中的蛋白質經消化吸收後，分解成胺基酸，提供肌肉新陳代謝的需求，也是能量的來源，1 公克蛋白質和碳水化合物一樣，約提供 4 大卡熱量。豆、魚、蛋、肉是主要的蛋白質食物，但米、麥、蔬菜中也含有少量蛋白質，書中食譜將兩類來源分開計算。

相較於醣類食物的升糖指數，蛋白質食物則以生物價的方式，來比較消化率和可利用率，數值愈高代表消化利用愈好。蛋的生物價最高達 94、蛋黃 96、蛋白 83、魚 83、牛肉 76、豬 74、熟黃豆 64。人體有九種肌肉合成所需胺基酸須由食物攝取獲得，主要由高生物價的豆、魚、蛋、肉類提供。奶類一樣含高生物價蛋白質，但必須計算醣量。

書中食譜設計一餐約 3～5 份高生物價蛋白質，一份等於 7 公克蛋白質，非豆魚蛋肉類的蛋白質量也有呈現，但這部分在蛋白質總量佔比不高。我們診所對蛋白質攝取建議量約為 1.2～1.5 公克／公斤體重，針對中重度腎功能減退者，再下修為上限 1.0～1.2 公克／公斤體重，實際建議量的調整，則以測量的身體組成檢查結果為依據。若以 1.2 公克／理想體重計算，每天需要的蛋白質份數，身高 150～159 公分約一天 9 份，160～165 公分 10 份，165～170 公分 11 份，170 公分以上每多 5 公分多 0.5 份，這樣的蛋白質分量，可以防止肌肉流失，同時達到減少或控制體脂肪的效果。

配菜 1
炒滑蛋

配菜 2
煎德國香腸

主食
小籠包

配菜 4
川燙時蔬

配菜 3
素炒雙菇

飲料
無糖紅茶

　　有運動習慣者，或低醣飲食調整的初期，為了飽足感可以再增量至
1.5 公克 / 理想體重，一天約可再加 2.5 份蛋白質。在小籠包餐盤中，包
子內餡、雞蛋、香腸提供的蛋白質 36.1 公克（5 份）屬於豆魚蛋肉類，另
外蔬菜有少量蛋白質約 4.4 公克。估量運用時建議以高生價蛋白質為主，
蔬食者無法由豆蛋滿足蛋白質需求，建議補充高蛋白配方。

🥢 小籠包餐盤

熱量	蛋白質	脂肪	醣類	膳食纖維	淨醣量
664.4kcal	40.4g	45.1g	29.7g	5.2g	24.5g

豆魚蛋肉類	非豆魚蛋肉類		非蔬菜醣量	蔬菜醣量	
36.1g	4.3g		21.3g	8.4g	

主食 小籠包

冷凍小籠包 1 個（約 35 公克）

配菜1 炒滑蛋

材　料│雞蛋 3 顆、油 1 茶匙

調味料│鹽適量、白胡椒少許

作　法│

1 雞蛋打散，加入適量鹽與白胡椒調味。

2 熱鍋倒入 1 茶匙油，倒入蛋液快速攪拌至八分熟。

配菜2 煎德國香腸

材　料│德國香腸 2 條、油 0.5 茶匙

作　法│熱鍋倒入油，將德國香腸煎熟。

配菜 3 素炒雙菇

材　料｜鴻喜菇 25 公克、雪白菇 25 公克、用煎德國香腸的剩油

調味料｜鹽適量

作　法｜熱油鍋，炒熟鴻喜菇與雪白菇後加入適量鹽調味。

配菜 4 川燙時蔬

材　料｜青花菜 50 公克、玉米筍 50 公克、紅蘿蔔 2 公克（裝飾用）、油 0.5 茶匙

調味料｜鹽適量

作　法｜

1 青花菜洗淨切小朵，紅蘿蔔切小塊。

2 所有食材川燙熟後，撈起瀝乾，加入油、鹽拌勻即可。

飲　料

無糖紅茶 1 杯

人體有九種肌肉合成所需胺基酸須由食物攝取獲得，主要由高生物價的豆、蛋、魚、肉類提供。

食物脂肪
不等於身體脂肪

　　脂肪是巨量營養素之一，脂肪酸也是人類必需的營養素，1 公克脂肪提供 9 大卡熱量，無油烹調會大量減少食用油，但無法從食物中獲得完整的脂肪酸，會造成營養失衡。飽和、單元不飽和、多元不飽和是油脂類的分法，除了烹調用油外，三類油脂也普遍同時存在於蛋白質食物中，例如蛋約含 35% 的飽和、44% 單元不飽和、21% 多元不飽和脂肪，黃豆的脂肪有 15% 是飽和，動物來源有較高比例的飽和脂肪酸，植物來源則是多數為不飽和脂肪酸。

　　書中僅呈現油脂總量，並不刻意區分不同油脂佔比，主要的原因是，這三類油脂皆綜合在油品及蛋白質食物中。從個別飲食葷素偏好，再平衡油品選擇，是簡便有效的方法，葷食者已經從動物蛋白質攝取了較多的飽和脂肪，油品就應該平衡交替使用單元及多元不飽和脂肪酸為主的植物油。不吃蛋的素食者，

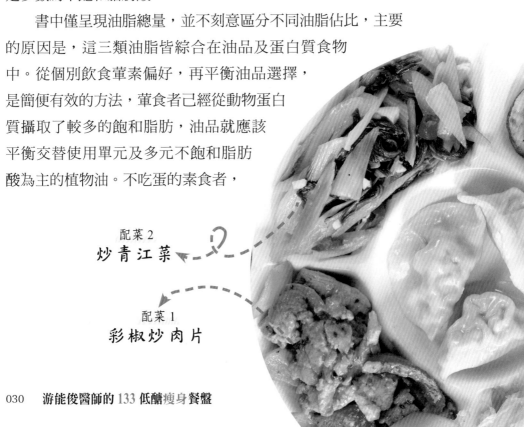

配菜 2
炒青江菜

配菜 1
彩椒炒肉片

油品就可平衡使用少量含飽和脂肪的植物油（椰子油、棕櫚油）。

　　至於控制脂肪攝取量的需求，主要是針對體重調整。挑選油脂含量較低的食物，少用煎炸烹調，都能幫助熱量控制。熱量控制要同時注意來自堅果、種子的油脂，熱量當然來自餐桌上所有食物，包括醣類、蛋白質食物。烹調或是肉品選擇，儘量每天三餐利用交替的方式取得平衡，避免餐餐油膩或是每餐無油，廚房油品可以同時有兩種以上輪換使用。在「水餃餐盤」的食譜中為例，總油脂有 65.5 公克，有 590 大卡，佔了總熱量的三分之二，如果將所有蔬菜和肉片一起用 2 茶匙油炒，烹調油就會減少22.5 公克，熱量就降低了 200 大卡。

水餃餐盤

熱量	蛋白質	脂肪	醣類	膳食纖維	淨醣量
875kcal	37.1g	65.5g	41.8g	10.8g	31.0g

豆魚蛋肉類	非豆魚蛋肉類		非蔬菜醣量	蔬菜醣量	
27.4g	9.7g		19.9g	21.9g	

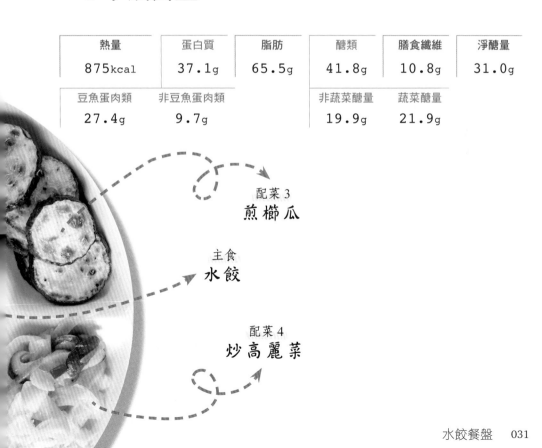

配菜 3
煎櫛瓜

主食
水餃

配菜 4
炒高麗菜

主食 水餃

材　料｜冷凍豬肉水餃大顆 3 顆（含內餡約 65 公克）

配菜 1 彩椒炒肉片

材　料｜豬肉片 105 公克、紅黃椒各 45 公克、蒜末 3 公克、太白粉 1
　　　茶匙、油 2 茶匙

調味料｜醬油 9 毫升、米酒 5 毫升

作　法｜

1 醃豬肉片，以醬油、米酒、太白粉與蒜末一起抓醃 15 ～ 20 分鐘。

2 川燙紅黃椒 2 分鐘後撈起備用。

3 熱鍋放油大火炒肉片 30 秒，倒入川燙好的蔬菜拌勻。

配菜 2 炒青江菜

材　料｜青江菜 200 公克、蒜末 4 公克、紅辣椒 2 公克、油 2 茶匙

調味料｜鹽適量

作　法｜

1 青江菜洗淨切段備用。

2 倒入油、蒜末、辣椒及鹽巴炒香後，轉大火快炒青菜即可。

配菜3 │ 煎櫛瓜

材　料│綠櫛瓜 100 公克、油 1 茶匙

調味料│鹽適量、黑胡椒粒少許

作　法│

1 將櫛瓜切 0.5 公分左右備用。

2 熱油鍋，小火慢煎櫛瓜至微焦後翻面。

3 兩面都上色後，撒上鹽巴、黑胡椒粒即可。

配菜4 │ 炒高麗菜

材　料│高麗菜 100 公克、鮮香菇 30 公克、紅蘿蔔 5 公克、蒜末 5 公
　　　　克、油 1.5 茶匙

調味料│鹽適量

作　法│

1 鮮香菇洗淨後切片，紅蘿蔔切絲。

2 煎鍋倒油，炒蒜末、香菇及紅蘿蔔絲，再加入高麗菜。

3 加鹽拌炒調味起鍋。

儘量每天三餐利用交替的方式取得油脂攝取平衡，避免餐餐油膩或是每餐無油，廚房油品可以同時有兩種以上輪換使用。

如何掌控
空腹血糖值？

在入睡不再進食狀態下，剛起床時，空腹血糖是整天血糖調控的起點。如果血糖未能控制在 130mg/dL 以下，要優先和醫療團隊討論找出原因，進行必要的治療調整，包括藥物。

良好糖尿病控制的標準，糖化血色素必須小於 6.5%，而大家熟悉的 7.0%，事實上指的是必須增強改善。當空腹血糖已經達到目標，所要專注的，就是避免餐後血糖峰值高過 180mg/dL，峰值一般落在 30 ～ 60 分鐘。至於糖化血色素 5.7 ～ 6.4%，或空腹血糖 100 ～ 125mg/dL，診斷為糖尿病前期的人，餐後血糖峰值的目標是低於 140mg/dL，這樣才有機會逆轉至糖化血色素小於 5.7%。

上述的血糖峰值控制，並不需要每次進食都達成，才能達到理想的糖化血色素目標，但要盡可能減少過高的次數與幅度。糖化血色素反映的是血糖和紅血球上的血紅素，所發生糖化反應的綜合結算，這包括了每次進食影響的 4 小時，加上一天約 8 ～ 12 小時不受進食影響的時段，對空腹血糖愈偏高的人，就必須讓餐後血糖峰值愈低，才能達到較佳的綜合結算值。照顧健康固然重要，但畢竟飲食要兼顧飽足及賞味，餐桌上的佳餚必然也不該千篇一律，低醣享食，學習將餐後血糖峰值掌控十之八九，將控糖之路融入豁達持久的生活。

肉包餐盤

熱量	蛋白質	脂肪	醣類	膳食纖維	淨醣量
611.8kcal	38.4g	41.1g	29.7g	8.3g	21.4g

豆魚蛋肉類	非豆魚蛋肉類		非蔬菜醣量	蔬菜醣量	
33.1g	5.3g		19.8g	9.9g	

飲料
無糖濃豆漿

配菜 3
素 炒 雙 菇

配菜 2
煎 櫛 瓜

主食
肉 包

配菜 1
炒 滑 蛋

配菜 4
川 燙 時 蔬

主食 肉包

材　料｜冷凍肉包半個（約 40 公克）

配菜 1 炒滑蛋

材　料｜雞蛋 3 顆、油 1.5 茶匙

調味料｜鹽適量、白胡椒粉適量

作　法｜

1. 雞蛋打散，加入適量鹽與白胡椒調味。
2. 熱鍋倒入油，倒入蛋液快速攪拌至八分熟。

配菜 2 煎櫛瓜

材　料｜綠櫛瓜 40 公克、油 0.5 茶匙

調味料｜鹽適量、黑胡椒粒少許

作　法｜

1. 將櫛瓜切 0.5 公分左右備用。
2. 熱油鍋，小火慢煎櫛瓜至微焦後翻面。
3. 兩面都上色後，撒上鹽巴、黑胡椒粒即可。

配菜 3 素炒雙菇

材　　料｜鴻喜菇 50 公克、雪白菇 50 公克、油 1 茶匙

調味料｜鹽適量、黑胡椒粒少許

作　　法｜熱油鍋，炒熟鴻喜菇與雪白菇後加入適量鹽、黑胡椒調味。

配菜 4 川燙時蔬

材　　料｜青花菜 50 公克、紅蘿蔔 10 公克、橄欖油 0.5 茶匙

調味料｜鹽適量

作　　法｜

1 青花菜洗淨切小朵，紅蘿蔔切小塊。

2 所有食材川燙熟後，撈起瀝乾，加入油、鹽拌勻即可。

飲 料

無糖濃豆漿 1 杯 250 毫升

餐後血糖峰值的目標是低於 140mg/dL，並不需要每次進食都達成，但要盡可能減少過高的次數與幅度。

小心醣量爆表
的早餐

　　早餐店的主食種類很多，一份醣的分量約為：餅皮蛋餅半個、包子半個、饅頭 1/3 個、燒餅 1/3 個、小籠包 3 顆、水煎包半個、蘿蔔糕一片、鍋貼 2 個、油條一根。便利超商的三角飯團約 2 份醣，傳統中式飯糰為 4 ～ 5 份醣。

　　開始執行低醣飲食，早餐的調整是每天要面對的挑戰。最容易克服的優先選擇方式是，改變成居家早餐，外購現成或是冷凍回熱的食物，搭配蛋白質及蔬菜，就容易降低醣量。若仍維持早餐外食者，就要平衡減少醣類分量，另外點選或另行添購蛋，再加上無糖豆漿，才能有效減醣。醣量過多會造成早餐後高血糖，這樣會使中餐前血糖也偏高，緊接著的中餐、晚餐，都會因為這個狀況繼續堆疊，使血糖上升，影響整天的血糖調整結果。

　　一張薄蛋餅皮約 1.2 ～ 1.5 份醣，厚片蔥油餅或是派，醣量就會增加至 2.0 ～ 4.0 份醣量，粉漿蛋餅約 4 ～ 6 份醣。「蔥抓餅餐盤」，一張蔥抓餅約 1.5 ～ 4 份醣，這道餐盤用了半張餅皮，並以一茶匙油煎，三份蛋白質來自火腿及香腸，也可視個人喜好改用其他蛋白質食物。利用少量油煎餅，加上肉類本身及烹調的油，為了平衡，蔬菜料理就沒有添加油脂，這個餐盤的熱量在 500 大卡以內。我自己煎蛋餅、蔥抓餅時，因餅皮已經含油，所以習慣是以不沾鍋，小火覆上鍋蓋乾煎，這個方式油脂熱量可以再減少。

蔥抓餅餐盤

熱量	蛋白質	脂肪	醣類	膳食纖維	淨醣量
476.8kcal	26.2g	29.8g	29.2g	4.0g	25.2g

豆魚蛋肉類	非豆魚蛋肉類		非蔬菜醣量	蔬菜醣量	
19.9g	6.3g		23.3g	5.9g	

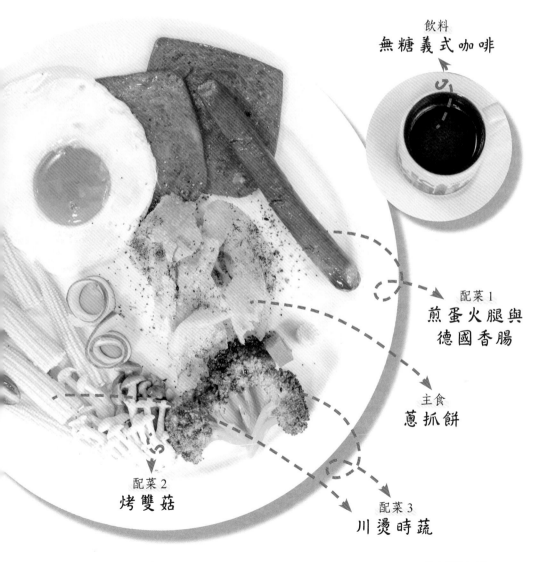

飲料
無糖義式咖啡

配菜1
煎蛋火腿與
德國香腸

主食
蔥抓餅

配菜2
烤雙菇

配菜3
川燙時蔬

主食｜蔥抓餅

材　　料｜蔥抓餅 1/2 片（約 35 公克）、油 1 茶匙

調味料｜黑胡椒粒少許

配菜 1｜煎蛋火腿與德國香腸

材　　料｜雞蛋 1 顆、火腿肉片 2 片（約 40 公克）、德國香腸 1 條（約 40 公克）、油 1.5 茶匙

作　　法｜熱鍋倒入油，將蛋、火腿、德國香腸煎熟。

配菜 2｜烤雙菇

材　　料｜鴻喜菇 25 公克、雪白菇 25 公克、橄欖油 1/4 茶匙

調味料｜鹽少許、黑胡椒粉少許

作　　法｜加入 0.5 茶匙橄欖油、適量鹽與黑胡椒攪拌菇類，以氣炸鍋烤熟（氣炸 180 度 8 ～ 10 分鐘）。

配菜 3｜川燙時蔬

材　　料｜青花菜 30 公克、玉米筍 30 公克、小番茄 1.5 顆（擺盤用）、小黃瓜 5 公克（裝飾用）、油 0.5 茶匙

調味料｜鹽適量

作 法

1 青花菜洗淨切小朵。

2 所有食材川燙熟後，撈起瀝乾，加入油、鹽拌勻即可。

飲 料

無糖義式咖啡 1 杯

要平衡減少早餐的醣類分量，可以加蛋或是無糖豆漿，即能有效減醣。

豆漿
還是牛奶好？

　　豆漿與牛奶兩者的優劣並沒有絕對，要看如何平衡搭配的餐食。選擇牛奶，所能再加的含碳水食物，就剩下不到 5 公克。無糖豆漿的話，可以搭配其它一份醣主食，蛋白質的營養更豐富，「蔓越莓饅頭餐盤」中，饅頭 30 公克，其它澱粉製品，例如吐司、麵包，秤重約 30 公克約是一份醣量，是掌握澱粉控醣的簡易方法。

200 毫升飲品	蛋白質	脂肪	飽和脂肪	碳水化合物
全脂牛奶 *	6.2 公克	7.2 公克	5 公克	9.6 公克
低脂牛奶 *	6.2 公克	2.6 公克	1.8 公克	10 公克
高纖無糖豆漿 *	7.2 公克	3.8 公克	0.8 公克	1.4 公克
市售光〇特濃無糖豆漿	10.2 公克	5.2 公克	0.8 公克	2.1 公克

* 資料來源：衛生福利部台灣食品成分資料庫 2021 版（UPDATE1）

　　考量成人鈣建議攝取 1000 毫克的需求，豆漿的含鈣量約只有牛奶的十分之一，但鈣的食物來源還有很多，很容易達到平衡。同樣是豆製品，100 公克板豆腐含鈣 140 毫克，豆干高達 600 毫克以上，就比豆漿高。蔬菜中的髮菜、紫菜、芥蘭菜、莧菜、青江菜、地瓜葉、油菜、菠菜、小白菜，含鈣量都不輸給牛奶。小魚乾、蝦、蟹、蛤，這類海鮮鈣質豐富。10 公克的黑芝麻，含脂肪 5 公克、碳水 2.3 公克，含鈣量就和 100 毫升牛奶一樣多。

蔓越莓饅頭餐盤

熱量	蛋白質	脂肪	醣類	膳食纖維	淨醣量
529.6kcal	36.9g	30.7g	33.6g	8.4g	25.2g

豆魚蛋肉類	非豆魚蛋肉類		非蔬菜醣量	蔬菜醣量
30.0g	6.9g		22.1g	11.5g

飲料
無糖濃豆漿

配菜1
炒滑蛋

配菜5
生菜

主食
蔓越莓饅頭

配菜3
素炒雙菇

配菜4
川燙時蔬

配菜2
煎櫛瓜

主食 蔓越莓饅頭

材　料｜冷凍蔓越莓饅頭 30 公克（約 2/3 個）

配菜 1 炒滑蛋

材　料｜雞蛋 3 顆、油 1 茶匙

調味料｜鹽適量、白胡椒少許

作　法｜

1 雞蛋打散，加適量鹽與白胡椒調味。

2 熱鍋倒入 1 茶匙油，倒入蛋液快速攪拌至八分熟。

配菜 2 煎櫛瓜

材　料｜綠櫛瓜 40 公克、油 1 茶匙

調味料｜鹽適量、黑胡椒粒少許

作　法｜

1 將櫛瓜切 0.5 公分左右備用。

2 熱油鍋，小火慢煎櫛瓜至微焦後翻面。

3 兩面都上色後，撒上鹽巴、黑胡椒粒即可。

配菜 3 素炒雙菇

材　料｜鴻喜菇 50 公克、雪白菇 50 公克、用煎櫛瓜的剩油

調味料｜鹽適量

作　法｜熱油鍋，炒熟鴻喜菇與雪白菇後加入適量鹽調味。

配菜 4 ｜ 川燙時蔬

材　料｜玉米筍 50 公克

作　法｜煮熱水，將玉米筍放入燙熟即可。

配菜 5 ｜ 生菜

材　料｜牛番茄 50 公克、小番茄 1 顆（裝飾用）

飲　料

無糖濃豆漿 1 杯 250 毫升

選擇牛奶，所能再加的含碳水食物，就剩下不到 5 公克；選擇無糖豆漿，則可再搭配其它一份醣主食，蛋白質的營養更豐富。

港點這樣吃，
安心不爆醣

　　港式料理在台灣很普遍，常見港點一份醣大約是：燒賣四個、腸粉三條、水晶餃三個、牛肉球三個、腐皮捲 2.5 個，這幾樣是單一個醣量較少的，合計約三個為一份醣。下列的港點大約是 1～1.5 個就有一份醣，包括馬蹄條、珍珠丸子、春卷、蜜汁叉燒酥、蘿蔔糕、流沙包、芝麻球，如果想多吃幾樣，可以選擇分食半個。煲飯、荷葉糯米雞是米飯主食，一份醣量約二湯匙。油雞、燒鴨的醣量可忽略不計，但蜜汁叉燒及烤排骨就要注意醣量，小點心的粉蒸排骨及鳳爪也含有少量醣。甜點的話，葡式蛋塔、楊汁甘露、龜苓膏，一個大約是一份醣。

　　「叉燒包」為主食的這個餐盤，除了二道蔬菜料理外，兩道蛋料理也增加了蔬菜，4 顆蛋加上叉燒包內餡共有 5 份蛋白質。鹹蛋苦瓜是家常料理，含鈉量較高，有了這道菜，其它配菜鹹味就建議調淡。牛番茄屬於蔬菜，100 公克的牛番茄，淨醣量 3 公克，可以生食、煮、煎、烤、炒，多樣變化口味，在沒有提供綠色生菜的自助早餐，我會選擇牛番茄切片或是料理，來補充蔬菜。值得一提的是，小番茄歸類為水果，每 100 公克淨醣量 5.4 公克，比牛番茄多，但比拿來入菜的木瓜、蘋果、鳳梨、百香果、柳橙等水果少。外食的餐盤上，常會看到幾顆配色或是調味的小番茄，不須要避開不吃，但不建議完全以大量的小番茄取代牛番茄。

配菜 1
番茄炒蛋

配菜 3
炒櫛瓜絲

叉燒包餐盤

熱量	蛋白質	脂肪	醣類	膳食纖維	淨醣量
673.2kcal	39.7g	65.9g	37.2g	5.7g	31.5g

豆魚蛋肉類	非豆魚蛋肉類	非蔬菜醣量	蔬菜醣量
35.9g	3.8g	25.1g	12.1g

配菜4
清炒大黃瓜

配菜2
苦瓜炒鹹蛋

主食
叉燒包

主食 叉燒包

材　料｜冷凍叉燒包 1 個（60 公克）

配菜 1 番茄炒蛋

材　料｜牛番茄 100 公克、雞蛋 3 顆、蔥花 2 公克、油 3 茶匙

調味料｜醬油 1 茶匙、鹽適量

作　法｜

1 熱水先燙熟番茄 30 秒後，去皮切塊備用。

2 蛋、鹽攪拌打散，以 2 茶匙油炒熟備用。

3 熱鍋加入 1 茶匙油，拌炒番茄，再加入半碗水、醬油拌炒。

4 加入步驟 2 的蛋，入味後撒上蔥花。

配菜 2 苦瓜炒鹹蛋

材　料｜青皮苦瓜 100 公克、鹹蛋 1 顆、油 2 茶匙

作　法｜

1 苦瓜挖除籽和內膜，切片川燙後備用。

2 鹹蛋搗碎後，熱鍋先炒鹹蛋至微冒泡。

3 加入川燙好的苦瓜攪拌後即可。

材　　料│綠櫛瓜 50 公克、辣椒 1 公克、蒜末 2 公克、油 2/3 茶匙

調味料│鹽適量

作　　法│

1 櫛瓜、辣椒切絲。

2 熱鍋後爆香蒜末、辣椒，加入櫛瓜炒至八分熟後，加入鹽調味炒熟即可。

配菜 4　清炒大黃瓜

材　　料│大黃瓜 50 公克、紅蘿蔔 1 公克、蒜末 2 公克、油 2/3 茶匙

調味料│鹽適量

作　　法│

1 大黃瓜切片、紅蘿蔔切絲。

2 熱鍋後爆香蒜末、紅蘿蔔，放入大黃瓜炒至八分熟後，加入鹽調味炒熟即可。

掌握港式點心的一份醣分量，加上適量的蛋白質與蔬菜，讓減醣飲食也能安心享用多變的風味料理。

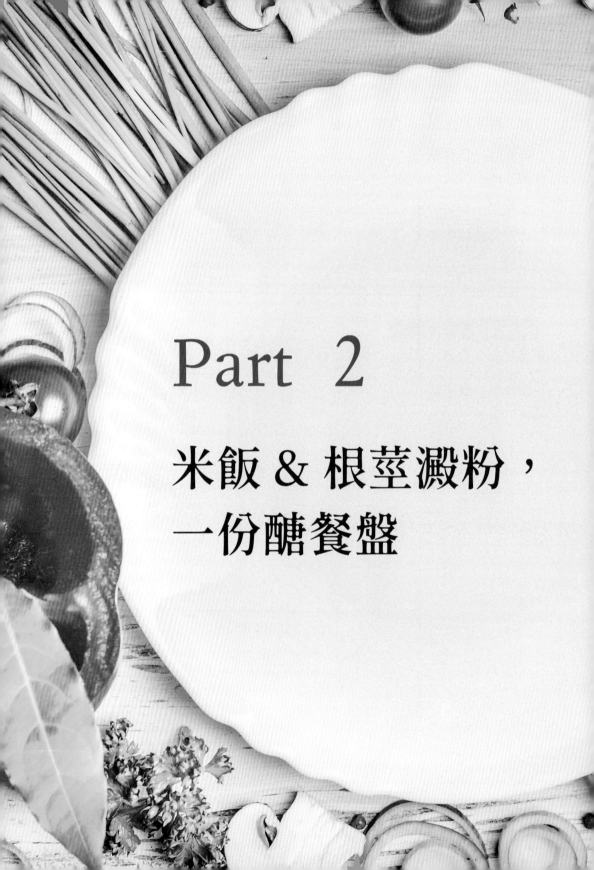

Part 2

米飯 & 根莖澱粉，
一份醣餐盤

米飯測試，
啟動了低醣飲食的研發

　　二〇一七年初，我們團隊在臉書上公布了第一則醣與糖的測試結果。這個測試由玉琴主廚協助食物準備，我們利用中午小團膳的時間進行，用餐的四人剛好糖化血色素是 5.6%，只差 0.1% 就進入糖尿病前期，很適合模擬血糖代謝異常者（當然我們也知道，對糖尿病前期及糖尿病狀態的人，血糖一定更高）。

　　我們的標準測試是將醣類在前二十分鐘吃完，可以搭配菜餚，血糖在用餐前測試第一次，之後每三十分鐘一次，全程共測五次。那次我們分別在兩天進行 3 份醣量的白米及秈糙米的測試。得到的結果是這兩種米的血糖峰值都超過 140mg/dL，雖然秈糙米的血糖略低一些。

　　之後我們接續公佈 3 份醣（生重 60 公克）對照 2 份醣（40 公克）秈糙米的測試，在 2 份醣的測試下，我們的餐後血糖就不超過 140mg/dL。團隊快速累積減醣飲食指導經驗的同時，也持續體驗如何再減醣。同年五月，減至每人 1.5 份醣的秈糙米，玉琴怕大家沒吃飽，準備了豐盛的九菜一湯。不過對於要降至 1 份醣，我仍有擔心生酮的疑慮，但也想到透過增加蔬菜來補充醣類營養，又可緩和血糖上升。

　　在同年的六月，我們於 FB 成立了「糖管理學苑」，常態性的提供大眾低醣飲食衛教。配套衛教指導準備充足後，我們開始提出「吃菜配飯」的倡議，讓飲食達到減醣又兼顧飽足。在右頁的「白飯餐盤」中，以一份醣 40 公克白飯，搭配 3 份蛋白質及 5.5 份蔬菜，這是我持續超過四年的

中、晚餐的營養配量，都是以一份醣搭配各 3 ～ 5 份蛋白質及蔬菜的飲食方式。

白飯餐盤

熱量	蛋白質	脂肪	醣類	膳食纖維	淨醣量
677.2kcal	33.5g	44.5g	44.6g	11.7g	32.9g

豆魚蛋肉類	非豆魚蛋肉類		非蔬菜醣量	蔬菜醣量
22.2g	11.3g		21.9g	22.7g

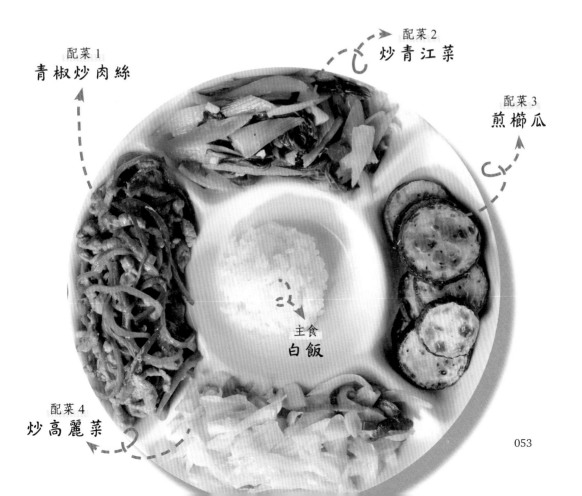

配菜 1
青椒炒肉絲

配菜 2
炒青江菜

配菜 3
煎櫛瓜

主食
白飯

配菜 4
炒高麗菜

主食 白飯

材　料｜白飯 40 公克

配菜 1 青椒炒肉絲

材　料｜豬肉絲（小里肌）105 公克、青椒絲 100 公克、紅辣椒絲 5
　　　　公克、蒜末 3 公克、太白粉 1 茶匙、油 3 茶匙

調味料｜醬油 9 毫升、米酒 5 毫升

作　法｜

1 醃豬肉絲，以醬油、米酒、太白粉與蒜末一起抓醃後，靜置 15 ～ 20
　分鐘。

2 青椒、紅辣椒切絲，川燙青椒絲 2 分鐘後撈起備用。

3 鍋中倒入油，大火炒肉絲 1 分鐘後，倒入青椒絲、紅辣椒絲拌炒。

配菜 2 炒青江菜

材　料｜青江菜 200 公克、蒜末 4 公克、紅辣椒 2 公克、油 2 茶匙

調味料｜鹽適量

作　法｜

1 青江菜洗淨切段備用。

2 鍋中倒入油、蒜末、辣椒及鹽巴炒香後，轉大火快炒青菜即可。

配菜 3 煎櫛瓜

材　料｜綠櫛瓜 100 公克、油 1 茶匙

調味料｜鹽適量、黑胡椒粒少許

作　法｜

1 將櫛瓜切 0.5 公分左右備用。

2 熱油鍋，小火慢煎櫛瓜至微焦後翻面。

3 兩面都上色後，撒上鹽巴、黑胡椒粒即可。

配菜 4 炒高麗菜

材　料｜高麗菜 100 公克、鮮香菇 30 公克、紅蘿蔔 5 公克、蒜末 5 公克、油 1.5 茶匙

調味料｜鹽適量

作　法｜

1 鮮香菇洗淨後切片，紅蘿蔔切絲。

2 煎鍋倒油，放入蒜末、香菇及紅蘿蔔絲拌炒，再加入高麗菜。

3 加 1 茶匙鹽拌炒調味起鍋。

「吃菜配飯」的飲食方式，達到減醣又兼顧飽足。

低醣身體
不缺糖

人體代謝需要熱量，來源包括葡萄糖、脂肪酸、胺基酸、乳酸、酮體，這也是消耗能量動用的順序。前三者會影響體脂肪及肌肉的生長或是消耗，主要從食物提供，也稱為巨量營養素。

除了食物來源外，肝臟及肌肉會將葡萄糖儲存成肝醣，當成調節倉儲，超過進食後的六小時，身體的葡萄糖來自肝臟的肝醣分解，也是每天夜間入睡後主要的熱量及葡萄糖來源；血糖代謝異常者，常會觀察到起床的血糖比睡前高，肝醣分解的訊號，要到早餐開始才停止。肌肉肝醣則主要提供活動時的需求，先轉化成乳酸，再轉成葡萄糖。

脂肪及肌肉組織在熱量及營養素充足下，並不像肝醣一般，每天在人體進進出出，這兩者在熱量處於負平衡狀態下，才分別被消耗分解成脂肪酸、胺基酸，提供熱量，特別的是，這兩種營養素可以經由糖質新生被轉換成人體優先需要的葡萄糖。腎臟是另一個會產生葡萄糖的器官，但佔量很少，一般只有到腎功能嚴重受損萎縮時，才會影響到血糖數值。

一份醣的低醣飲食設計，考量了食物攝取及內生性血糖，在歷經四年近六千人的實作經驗，無論是糖尿病前期或是使用藥物治療糖尿病的人，並沒有觀察到因食物供糖不足，所導致的低血糖。

右頁的「滷蘿蔔」並不是一餐的完整食譜，在我的實際測試中，血糖有明顯增加，並不比米飯少，可見以增蔬的方式運用於低醣飲食，可以讓主食減量，又不用擔心身體缺糖。

滷蘿蔔

熱量	蛋白質	脂肪	醣類	膳食纖維	淨醣量
84.4kcal	4.3g	0.4g	19.0g	4.2g	14.8g

豆魚蛋肉類	非豆魚蛋肉類			非蔬菜醣量	蔬菜醣量
0g	4.3g			4.4g	14.6g

材　料｜白蘿蔔 240 公克、紅蘿蔔 60 公克、水 200 毫升

調味料｜醬油 30 公克、鹽適量、花椒 10 顆、八角 1 顆

作　法｜

1 將蘿蔔切適當大小。

2 全部材料放入電鍋內鍋，外鍋放一杯水，開關跳起即可。

以增蔬的方式，運用於低醣飲食，可以讓主食減量，不用擔心身體缺糖。

秋葵

可以降血糖？

　　秋葵和白蘿蔔是在「蔬菜也可產糖」測驗中，我刻意挑選的兩種食物。在這兩次測驗中，是完全沒有醣類主食。秋葵的測試是要挑戰我的論點：沒有所謂的降低血糖的食物，食物只區別為上升或不上升血糖。

　　二〇二〇年我們的玉琴主廚準備了三種料理方式，燙秋葵佐蒜辣醬、秋葵切片佐辣椒、秋葵炒花枝。秋葵富含膳食纖維，一份醣生重 200 公克，血糖增幅最高 16mg/dL，在我的醣類測試中算是上升血糖少的，但不是最少。書中食譜，以秋葵煎蛋、胡麻醬佐秋葵、海鮮炒秋葵三道料理呈現。秋葵的旺季是 5 ～ 8 月，變化料理食譜，好吃又有飽足感，可以試試看。

　　白蘿蔔是根莖類蔬菜，膳食纖維量大約只有秋葵的 1/4，也容易在短時間內吃完。社團法人宜蘭縣愛胰協會黃煜順總幹事，本身是第 1 型糖友，二〇一九年以 100 公克白蘿蔔測試，在 1 小時時上升了 35mg/dL。我的測試則是一份醣共 400 公克，主廚將 300 公克和牛肉搭配一起，100 公克則切絲並加少許青蔥及紅蘿蔔絲炒。一小時的血

料理 1
秋葵煎蛋

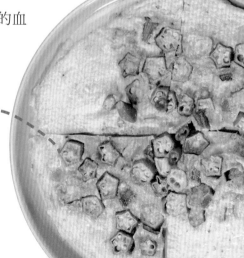

糖，在完全沒有主食下，上升至 145mg/dL，增幅 48mg/dL，這樣的上升幅度，並不比一份醣米、麵類測試少。

所以，無論秋葵或是白蘿蔔的測試，都是證明蔬菜也產糖，運用足量蔬菜，不用擔心少了澱粉主食，身體糖營養會有供應缺乏的問題。

秋葵大餐

熱量	蛋白質	脂肪	醣類	膳食纖維	淨醣量
461.1kcal	31.2g	27.7g	29.7g	11.0g	18.7g

豆魚蛋肉類	非豆魚蛋肉類		非蔬菜醣量	蔬菜醣量	
24.9g	6.3g		7.0g	22.7g	

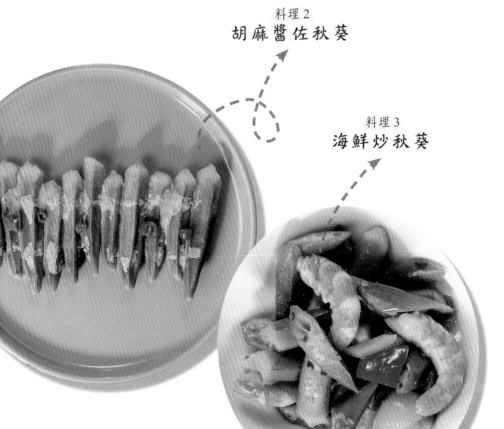

料理 2
胡麻醬佐秋葵

料理 3
海鮮炒秋葵

料理 1 秋葵煎蛋

材　料｜秋葵 50 公克、雞蛋 2 顆、油 2 茶匙

調味料｜鹽適量、白胡椒粉少許

作　法｜

1 秋葵洗淨，切除蒂頭和少許尖尾，切小段。

2 雞蛋打散加入適量鹽巴與白胡椒，混合均勻。

3 將切好的秋葵放入蛋液中，拌勻。

4 熱油鍋，倒入混合好的秋葵蛋液，成形後（約 3 分鐘）再進行翻面。

5 兩面煎熟後起鍋盛盤。

料理 2 胡麻醬佐秋葵

材　料｜秋葵 100 公克、紅辣椒半根

調味料｜胡麻醬 1 湯匙

作　法｜

1 秋葵洗淨，切除蒂頭和少許尖尾。

2 秋葵燙熟，約燙 2 分鐘。

3 燙熟後撈起，放入冰水冰鎮約一分鐘，撈起瀝乾水分。

4 淋上胡麻醬，紅辣椒切丁撒上。

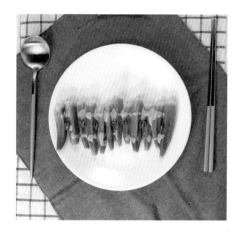

料理 3 海鮮炒秋葵

材　料｜秋葵 100 公克、南美白
　　　　蝦 4 尾約 50 公克、紅椒
　　　　20 公克、黃椒 20 公克、
　　　　紅辣椒半根約 4 公克

調味料｜泰式醬 1 湯匙

作　法｜

1 秋葵洗淨，切除蒂頭和少許尖尾，切片。

2 秋葵燙熟，約燙 2 分鐘。

3 燙熟後撈起，放入冰水冰鎮約一分鐘，撈起瀝乾水分。

4 蝦子洗淨、燙熟，約 2 分鐘（蝦子帶殼燙熟以保留甜分）。

5 燙熟後撈起，放入冰水冰鎮約一分鐘，撈起瀝乾水分，去殼。

6 紅椒、黃椒洗淨切塊，燙熟。

7 將準備好的食材淋上泰式醬，紅辣椒切塊，拌勻。

沒有所謂的降低血糖的食物，食物只區別為上升或不上升血糖。

小心擺在菜攤上的
澱粉

　　歸在主食類的天然食材，有許多都會讓血糖上升。像是南瓜，我曾做過測試，最高血糖增幅是 74mg/dL。就膳食纖維含量比較而言，根莖類澱粉被認為比白米健康，但並不表示可以過量攝取。

主食類一份醣的公克重量數：

米麥類	根莖類	豆類及果實類
糯米 19	地瓜 48	綠豆 24
白米 20	芋頭 57	紅豆 24
在來（秈）米 20	山藥 85	花豆 25
糙米 20	馬鈴薯 95	蓮子（乾貨）25
胚芽米 20	蓮藕 111	栗子 26
小米 21	台灣南瓜 135	菱角 93
小麥 22	南瓜平均值 90	
大麥仁 22		
蕎麥 22		
薏仁 23		
紅藜 23		
燕麥 30		
甜玉米粒 115		

資料來源：衛生福利部台灣食品成分資料庫 2021 版（UPDATE1）

　　了解這些主食一份醣的生重後，就知道需酌量食用，除了可增加蔬菜量取代減下的米麵類主食外，也可以交替選擇不同食材，少量的醣類主食也能成為一道佳餚，例如蓮子紅豆湯、蓮子綠豆湯、蓮藕湯、煎蓮藕片、

涼拌蓮藕、玉米蓮藕湯、玉米菱角湯、香煎馬鈴薯、涼拌馬鈴薯，涼拌山藥、山藥小米粥、栗子紅藜飯等。

接下來示範的料理是以蒸南瓜為醣類的餐盤，並以醃冬瓜搭配鱈魚，蔬菜有四項，其中一道是海茸。海茸是藻類，每 100 公克含 1.1 公克蛋白質，淨醣 4.6 公克。魚料理調味使用醃漬冬瓜，每 100 公克淨醣 2.2 公克。（冬瓜也可使用於甜食，但糕點使用的鳳梨冬瓜，碳水高達 80 公克。魚料理也常用醃破布子，每 100 公克依配方而定，碳水較醃冬瓜高，約 11 〜 35 公克。）

南瓜蒸鱈魚餐盤

熱量	蛋白質	脂肪	醣類	膳食纖維	淨醣量
739.1kcal	26.9g	59.0g	33.0g	10.0g	23.0g

豆魚蛋肉類	非豆魚蛋肉類	非蔬菜醣量	蔬菜醣量
18.2g	8.7g	18.0g	15.0g

主食 蒸南瓜

材　料｜南瓜 90 公克

. . . .

配菜 1 醃冬瓜蒸鱈魚

材　料｜鱈魚 150 公克、醃冬瓜 40 公克、蒜末 5 公克、辣椒 3 公克
作　法｜

鱈魚擺入盤中，放上醃冬瓜、蒜末、辣椒，電鍋外鍋放 1 杯水，電鍋開關跳起即可。

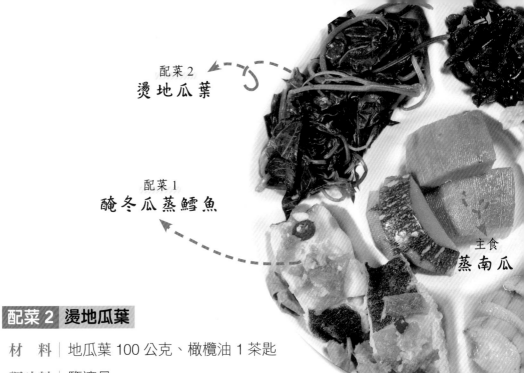

配菜 2
燙地瓜葉

配菜 1
醃冬瓜蒸鱈魚

主食
蒸南瓜

配菜 2　燙地瓜葉

材　　料｜地瓜葉 100 公克、橄欖油 1 茶匙

調味料｜鹽適量

作　法｜

1 地瓜葉洗淨，滾水川燙 3 分鐘撈起瀝乾。

2 加鹽、油拌均即可。

配菜 3　清炒絲瓜

材　　料｜絲瓜 100 公克、橄欖油 1 茶匙

調味料｜鹽適量

作　法｜

1 絲瓜去皮切塊。要煮前再處理絲瓜，以避免變黑。

2 熱油鍋，放入絲瓜以中火拌炒約 30 秒，倒入少許水，開大火悶煮約
　2 分鐘。

3 加鹽調味，快速拌勻即可盛盤。

配菜 4
炒海茸

配菜 5
炒筍絲

配菜 3
清炒絲瓜

地瓜、南瓜、馬鈴薯等根莖類澱粉被認為比白米健康,但並不表示可以過量攝取。

配菜 4　炒海茸

材　料│海帶茸 50 公克、油 1 茶匙

調味料│醬油 1 茶匙

作　法│

1 海茸洗淨切段,滾水川燙 30 秒瀝乾備用。

2 起油鍋,放入海茸拌炒加入醬油調味。

配菜 5　炒筍絲

材　料│桂竹筍片 50 公克、油 1 茶匙

調味料│鹽適量

作　法│

1 筍絲洗過瀝乾備用。

2 起油鍋,放入筍絲翻炒後加鹽調味。

「升糖指數」
重要嗎？

　　升糖指數經常在食物及血糖關聯性的文章被提到，在市售的食品或是營養補充品也可以看到強調「低升糖指數」這個詞。這是以食用 100 公克葡萄糖二小時所上升的血糖面積當基準，其它食物和這個基準值對應的比較結果。選擇低升糖指數食物，過去常被納入控糖建議，但新的醫學指引已經不再納入。原因之一是，食用低升糖指數醣類，仍需平衡攝取量；而攝取高升糖指數食物，若是淺嚐即止，也不至於嚴重惡化血糖。

　　在一份醣量的測試中，我並不刻意挑選低升糖指數醣類，反而以高升糖指數食物（大部分是含糖的加工食品）刻意的測了幾次，主要是觀察自己的血糖代謝能力。

　　一份醣的測試血糖上升較多的為：湯圓（166）、甜粿（178）、三小塊馬卡龍（158）、80 公克蘿蔔糕（175）、三顆牛軋糖（174）、36 公克糯米棗（172），一罐 1.6 份醣的蠻牛（176）。這幾次的血糖高峰，比我平常的測試平均高了約 40mg/dL，增幅多了一倍，這時期我的糖化血色素是 5.7%，可以推論血糖代謝在差一點的狀態下，很容易使血糖峰值高過 200mg/dL。

　　同樣的食材但烹調方式不同，升糖指數也會有所變化。例如在右頁「香煎紅甘佐馬鈴薯泥」這道料理中，薯泥是 >100 的高升糖指數主食，若改為水煮馬鈴薯，升糖指數則降至 46。所以只選擇低升糖指數食物，但沒有平衡攝取量時，並無法有效控糖，也會限制了食物的選擇。但仍須

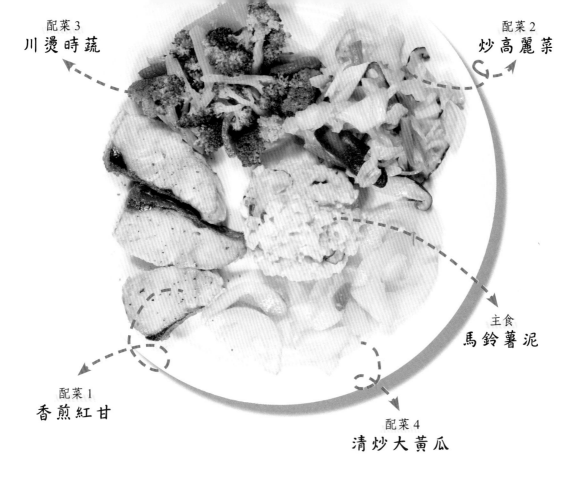

配菜 3
川燙時蔬

配菜 2
炒高麗菜

主食
馬鈴薯泥

配菜 1
香煎紅甘

配菜 4
清炒大黃瓜

注意食物的升糖反應，含糖的食品若攝取超過一份醣量，會明顯增加血糖，建議減量或是降低頻率。

香煎紅甘佐馬鈴薯泥餐盤

熱量	蛋白質	脂肪	醣類	膳食纖維	淨醣量
850.7kcal	70.6g	49.3g	35.9g	8.0g	27.9g

豆魚蛋肉類	非豆魚蛋肉類		非蔬菜醣量	蔬菜醣量	
60.5g	10.1g		18.9g	17.0g	

主食 馬鈴薯泥

材　料｜馬鈴薯 90 公克、水煮蛋半顆、小黃瓜 10 公克

調味料｜沙拉醬 15 公克

作　法｜

1 將馬鈴薯煮熟後壓成泥。

2 小黃瓜切丁，水煮蛋切碎。

3 將所有材料及調味料攪拌均勻即可。

配菜 1 香煎紅甘

材　料｜紅甘魚 290 公克（去骨約 260 公克）、油 2 茶匙

調味料｜鹽少許、黑胡椒粒少許

作　法｜

1 熱油鍋，放入紅甘魚以中火慢煎。

2 兩面乾煎至金黃色，撒上適量黑胡椒粒即可。

配菜 2 炒高麗菜

材　料｜高麗菜 100 公克、鮮香菇 30 公克、紅蘿蔔 5 公克、蒜末 5 公克、油 1.5 茶匙

調味料｜鹽適量

作　法｜

1 鮮香菇洗淨後切片，紅蘿蔔切絲。

2 煎鍋倒油，放入蒜末、香菇及紅蘿蔔絲拌炒，再加入高麗菜。

3 加 1 茶匙鹽拌炒調味起鍋。

配菜 3 | 川燙時蔬

材　　料｜青花菜 100 公克、紅椒 10 公克、黃椒 10 公克、橄欖油 1 茶
　　　　　匙

調味料｜鹽適量

作　　法｜

1 青花菜洗淨切小朵，紅椒、黃椒切 1 公分小段。

2 所有食材川燙熟後，撈起瀝乾，加入油、鹽拌勻即可。

配菜 4 | 清炒大黃瓜

材　　料｜大黃瓜 100 公克、辣椒 2 公克、蒜末 4 公克、油 1.5 茶匙

調味料｜鹽適量

作　　法｜

1 大黃瓜切片、辣椒切絲。

2 熱鍋後爆香蒜末、辣椒絲，放入大黃瓜炒至八分熟後，加入鹽調味炒
　熟即可。

如果刻意選擇低升糖指數的食物，但沒有平衡攝取量，也無法有效控糖，反而還會限制了食物的選擇。

控醣量，
來一碗粥也行

　　從升糖指數的觀點來看，愈煮爛糊化的主食，血糖的衝高速度幅度愈多，從這個原則來看的確是吃粥的顧忌。但計劃好一份醣量，升血糖的總量就能在掌控範圍，在一份醣澱粉的替換下，就不需要把粥品排除不吃。粥不全然是牙口不好、食慾不振、消化不良時的替代，粥可以是一餐的美食，坊間的「粥」專賣店有兩大類型，粥菜分開及粥菜一大鍋，餐費也不低，不妨自己料理還能控制醣量。

　　右頁的小米粥，主廚使用小米，一樣是 20 公克 1 份醣，不過整體碳水會略高於 1 份醣，因為配菜使用了一茶匙（約 5 公克）的太白粉，太白粉會用於醃肉，所以用量不需要多，記得用小茶匙，可避免過量。

　　如果不想使用太白粉，又想要軟化肉，可以使用別種方式替代，像是用洋蔥碎塊、白蘿蔔泥、菇類泡水後的汁液、生薑泥、鹽麴、味噌、蛋白等材料先進行醃漬。或是用米酒、紹興酒、高粱酒、花雕酒、清酒、白酒、紅酒、威士忌、白蘭地等酒類，可提鮮、入味、

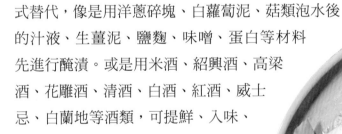

配菜
肉片炒娃娃菜 ◀-----

調味，雖然部分含少量碳水，但因用量不多，基本上不用納入醣量考慮。

　　如果要使用白飯煮粥，可以使用冷藏後的隔夜飯，方便且口感更為順口。一份醣熟飯秤重約 40 公克，隔夜飯抗性澱粉比率較多，但含量也只佔 1.65%，對血糖控制效果有限。生米煮熟口感不同，要加快生米煮粥的時間，可以將洗泡過的白米、小米、紫米放冷凍再取出使用，小米、紫米、糙米的浸泡時間需久一點，水滾後再下鍋，十分鐘就可以完成。將冷凍米與蔬菜、易熟的蛋白質食物（蛋、海鮮、肉片）放一鍋烹煮，無論分食或是獨享，都是容易自煮又能平衡營養的料理。

小米粥

熱量	蛋白質	脂肪	醣類	膳食纖維	淨醣量
452.9kcal	31.1g	21.7g	35.9g	6.8g	29.1g

豆魚蛋肉類	非豆魚蛋肉類		非蔬菜醣量	蔬菜醣量	
22.2g	8.9g		20.7g	15.2g	

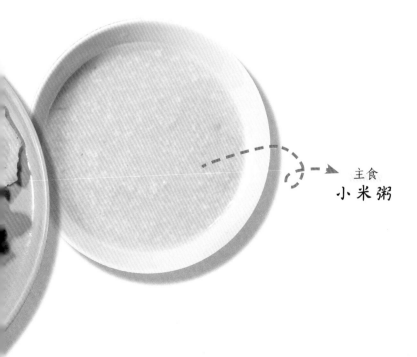

主食
小米粥

主食 小米粥

材　料｜小米 20 公克

配菜 肉片炒娃娃菜

材　料｜小里肌豬肉片 105 公克、娃娃菜 200 公克、鮮香菇 100 公克、紅蘿蔔 15 公克、蒜頭 5 公克、太白粉 1 茶匙、米酒 1 茶匙、油 1 湯匙

調味料｜醬油 1 湯匙、鹽少許

作　法｜

1 里肌豬肉切片，加入醬油、米酒及太白粉醃 15 分鐘。

2 娃娃菜與紅蘿蔔切片，香菇切絲。

3 滾水川燙豬肉片 1 分鐘，撈起備用。

4 熱鍋加 1 湯匙油，炒香蒜頭、紅蘿蔔與娃娃菜，炒至八分熟後倒入燙熟的豬肉片，翻炒後加鹽調味。

計劃好一份醣量，讓升血糖的總量得以在掌控的範圍，即能放心享用粥品。

減少**油脂**的
烹調方式

　　大家常說的「三少」，即為少糖、少鹽、少油，是為了因應三高健康議題，大家耳熟能詳的口訣。低醣飲食基本上已經做到少糖，蔬菜及蛋白質增量，以菜配飯，一段時間調整後，鹹味也會調降，不過少油可就不一定了。

　　無油並不健康，減少油脂攝取，要看體重過重的狀態、減少體脂肪的目標、健康需求。針對體重偏輕、肌肉量不足的人，並不適合過度減少油脂攝取，原因是減醣已經降了部分熱量，而營養素供給組織新陳代謝需要能量，若處於熱量負平衡，即使攝取足量蛋白質，也無法增加肌肉量。

　　慢性胰臟炎，膽囊疾病或是切除的人，必須調整油脂攝取量，這是因為對食物脂肪消化吸收較差。至少三酸甘油脂高的人，要優先注意飲酒及過多醣類的影響，脂肪攝取建議量和一般人相同。除了上述情況外，有血糖代謝異常者，普遍體脂肪過多，建議注意油脂攝取過量的狀況，減脂的效果更好。

　　如果使用油脂含量豐富的肉品，烹煮前可先去掉明顯脂肪部位，以氣炸、烤的方式有助減少成品的油脂含量。使用蒸、燉、煮、涮的方式，雖可少掉添加油，但要注意油脂布滿在湯汁裡，要減去油的話，可以放入冰箱，讓油脂凝結，去油後回熱再吃。或是選擇氣密不沾鍋，用油量較少，又能保留煎炒的脆口感，也是一個不錯的方式。

主食
麥片

　　「海鮮麥片粥」為水煮料理，並選擇低油脂的海鮮（只有 7.6 公克油脂來自海鮮，相當於 1.5 茶匙油），熱量不到 350 大卡，也是低油、低熱量的選擇。

海鮮麥片粥

熱量	蛋白質	脂肪	醣類	膳食纖維	淨醣量
344.2kcal	44.9g	7.6g	27.1g	3.4g	23.7g

豆魚蛋肉類	非豆魚蛋肉類		非蔬菜醣量	蔬菜醣量
41.0g	3.9g		18.8g	8.3g

配菜
絲瓜海鮮

材　料｜麥片 20 公克、軟絲 120 公克、帶殼白蝦 100 公克、大文蛤
　　　　160 公克、絲瓜 200 公克、薑 5 公克、 油 1 茶匙

作　法｜

1　絲瓜切塊，薑切絲。

2　熱油鍋，炒絲瓜，五分熟後鍋內再加水，水滾後放入文蛤、軟絲與白
　　蝦，八分熟後加入麥片，煮 1 分鐘後完成。

完全無油的飲食並不健康，如果想要降低油脂攝食量，可透過料理法或食材挑選等方式。

「抗性澱粉」
是什麼？

　　抗性澱粉指的是腸道難以消化的澱粉，算是膳食纖維的一種，但可以拉長消化時間，相較於米、麵類大約 20 分鐘就能消化完畢，抗性澱粉則是會拉長到 120 分鐘。隔夜飯冰過再回熱，即可以增加抗性澱粉，食物中的地瓜、馬鈴薯、糙米、玉米、豌豆、黑豆、鷹嘴豆、燕麥等，也含有較多的抗性澱粉，而我也挑選了其中幾項進行了測試。

　　我測試了鷹嘴豆罐頭，一份醣鷹嘴豆 70 公克重，內含 5.3 公克蛋白質，我們的主廚參考了「西西里香燉鷹嘴豆」的料理方式，血糖在食用 90 分鐘達到最高峰 123mg/dL。之後還測了玉米粒罐頭，主廚準備了「普羅旺斯溫沙拉」，包含了一份醣玉米粒 120 公克（約 300 顆）、火腿丁、鮪魚片、雞蛋、櫻桃番茄、紅黃甜椒、辣椒、蒜泥、海鹽、橄欖油（少許），30 分鐘血糖 137mg/dL。

　　我也測過地瓜一份醣，30 分鐘最高餐後血糖 147mg/dL。在右頁「栗子地瓜佐豆腐」這道料理中，50 公克的地瓜的分量不多，超商最小的烤地瓜，就至少有 2 份醣類。依上述的測試，只有鷹嘴豆的血糖上升變化，比較能顯現抗性澱粉的特性，當然這只是我個人各一次的觀察，不宜延伸為科學結論。

　　至於隔夜飯、麵包，回熱再吃，我雖沒有測試比較，但推測減少血糖效益有限。反倒是一份醣主食控量下，難免一餐備量沒吃完，不想浪費食

物的話，也別勉強自己一餐過量，不如隔夜回熱再吃，至少血糖不會因此惡化。

栗子地瓜佐豆腐餐盤

熱量	蛋白質	脂肪	醣類	膳食纖維	淨醣量
670.5kcal	24.1g	51.3g	36.0g	9.2g	26.8g

豆魚蛋肉類	非豆魚蛋肉類		非蔬菜醣量	蔬菜醣量	
17.7g	6.4g		21.4g	14.6g	

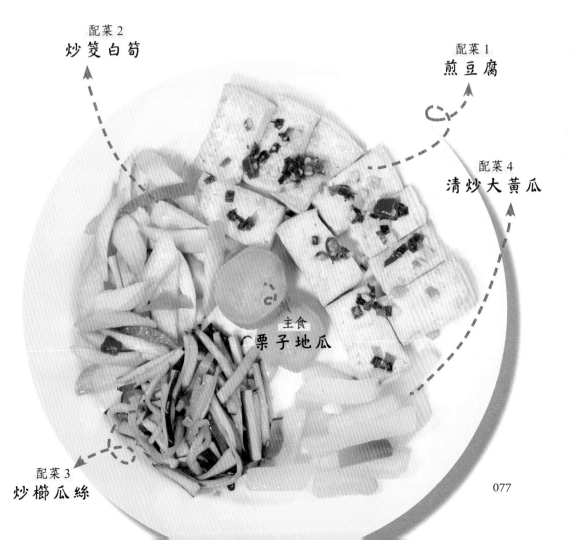

配菜2
炒筊白筍

配菜1
煎豆腐

配菜4
清炒大黃瓜

主食
栗子地瓜

配菜3
炒櫛瓜絲

主 食 | 栗子地瓜

材 料｜栗子地瓜 50 公克

配菜 1 | 煎豆腐

材 料｜豆腐一盒（360 公克）、紅辣椒 3 公克、蒜末 4 公克、蔥 8
公克、橄欖油 1 湯匙

調味料｜鹽適量

作 法｜

1 豆腐切塊，辣椒、蔥及蒜頭切末。

2 起油鍋，放入豆腐，先以大火煎 2 分鐘，再轉中火。豆腐翻面煎到
兩面呈金黃色。

3 盛盤，撒上辣椒末、蔥末、蒜末及適量鹽調味即可。

配菜 2 | 炒筊白筍

材 料｜筊白筍 100 公克、紅蘿蔔 8 公克、蒜末 2 公克、油 2 茶匙

調味料｜鹽適量

作 法｜

1 筊白筍切片、紅蘿蔔切絲。

2 熱油鍋後爆香蒜末、紅蘿蔔，放入筊白筍炒至八分熟後，加入調味炒
熟即可。

材　料 ｜ 綠櫛瓜 100 公克、辣椒 2 公克、蒜末 4 公克、油 1.5 茶匙

調味料 ｜ 鹽適量

作　法 ｜

1 櫛瓜、辣椒切絲。

2 熱油鍋後爆香蒜末、辣椒，放入櫛瓜炒至八分熟後，加入調味炒熟即可。

配菜4 清炒大黃瓜

材　料 ｜ 大黃瓜 100 公克、辣椒 2 公克、蒜末 4 公克、油 1.5 茶匙

調味料 ｜ 鹽適量

作　法 ｜

1 大黃瓜切片、辣椒切絲。

2 熱鍋後爆香蒜末、辣椒絲，放入大黃瓜炒至八分熟後，加入鹽調味炒熟即可。

經過個人測試後，抗性澱粉的特性並不明顯，但將一餐沒吃完的米飯、麵包冰過再加熱享用，能避免食物浪費。

日式料理的
低醣飲食

　　日式料理在台灣相當普遍，低醣飲食遇到日式料理該怎麼調整呢？參考右頁的握壽司餐盤，可以看得出來主食為 2 貫壽司。當主食醣類量少時，搭配的其他食物就要足量，才能兼顧控糖、營養及飽足。此餐盤搭配了 200 公克蔬菜，其中香菇含較多的蛋白質，提供了接近一份蛋白質，生魚片、煎鮭魚、蛋、文蛤提供了 6 份多蛋白質，對蛋白質及飽足需求不需要這麼多的人，將鮭魚食材重量減半即可。魚肉去皮去骨，一份蛋白質的參考生重為：鮭魚及旗魚 28 公克、鮪魚 30 公克、海鱺及鱸魚約 35 公克、鱈魚、鯖魚、黃金鯡魚約 48 公克。

　　日式餐飲有多種型態，包括壽司、拉麵、割烹、串燒、懷石、壽喜燒、鐵板燒等，除了拉麵以外，海鮮、肉、蛋料理合計的蛋白質食物，在營養及飽足上是夠的，蔬菜則相對較不足，主要在生菜沙拉及鍋（煮）物中。牛蒡纖維雖多，但歸在全穀雜糧類，107 公克是一份淨醣。炸物裹粉必須加計醣量，唐揚雞 150 公克有一份醣，韓式炸雞則含醣更多，約 80 公克含一份醣。20 公克左右的咖哩塊，約含 7 ～ 10 克碳水，蘋果也有可能一起出現在咖啡飯或麵料理中。

　　兩個章魚燒、約四分之一個大阪燒、1 ～ 2 個魚板含有一份醣，一個可樂餅約 1.5 份醣，天婦羅炸蝦視蝦子大小一尾約 1 ～ 2 份醣，長條天婦羅約 0.7 份醣，片狀約 1.3 份醣。此外，壽喜燒醬汁也含醣，在計算醣量時都要留意。

握壽司餐盤

熱量	蛋白質	脂肪	醣類	膳食纖維	淨醣量
585.3kcal	50.5g	32.8g	25.4g	5.0g	20.4g

豆魚蛋肉類	非豆魚蛋肉類		非蔬菜醣量	蔬菜醣量
44.2g	6.3g		15.8g	9.6g

配菜2
煎櫛瓜

配菜3
煎香菇

配菜4
茶碗蒸

主食
握壽司

配菜1
煎鮭魚

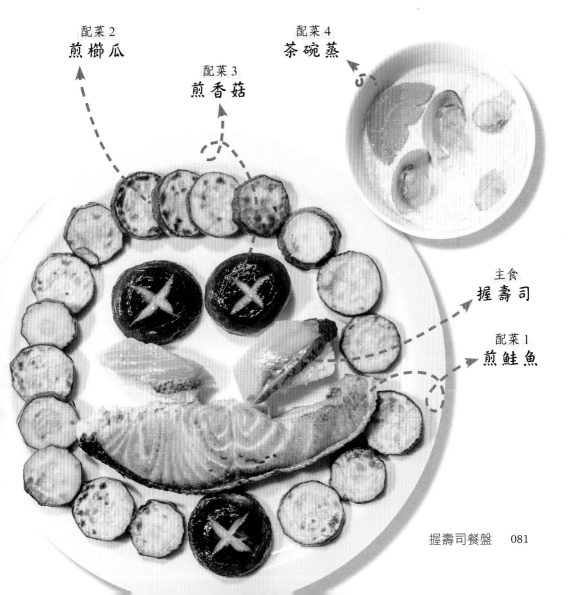

主 食 **握壽司**

材　料｜壽司飯 34 公克、生魚片 15 公克

- -

配菜 1 **煎鮭魚**

材　料｜鮭魚 130 公克、油 0.5 茶匙

作　法｜

熱鍋，放入 0.5 茶匙油，再放入鮭魚將兩面煎熟即可。

- -

配菜 2 **煎櫛瓜**

材　料｜綠櫛瓜 100 公克、油 1 茶匙

調味料｜鹽適量、黑胡椒粒少許

作　法｜

1 將櫛瓜切 0.5 公分左右備用。

2 熱油鍋，小火慢煎櫛瓜至微焦後翻面。

3 兩面都上色後，撒上鹽巴、黑胡椒粒即可。

`配菜 3` **煎香菇**

材　料｜鮮香菇 100 公克、油 2 茶匙

作　法｜

1 香菇洗淨、去香菇蒂頭。

2 熱鍋，放入 2 茶匙油，小火將香菇兩面煎至微焦黃。

`配菜 4` **茶碗蒸**

材　料｜雞蛋 1 顆、大文蛤 4 顆（約 60 公克）、紅蘿蔔 2 公克

作　法｜

1 雞蛋打散，加入 200 毫升水，蒸至八分熟。

2 再加入文蛤與紅蘿蔔蒸熟。

> 普遍來說，日式料理的蔬菜量較為不足，含醣量的誤區也較多，需特別留意。

豆製品
比肉類健康？

以一份蛋白質的黃豆與牛腓力比較（皆含 7 公克蛋白質），脂肪總量相近（分別為 3.1 公克、3.6 公克），而魚腓力的脂肪量則大約是黃豆的八成，蛋的脂肪量比魚再少一點。從巨量營養的角度來看，黃豆的營養價值是高的。不同來源的蛋白質各有其微量營養素的優點，而不同胺基酸及脂肪酸的含量，也是各有長處。因此，優劣的比較是沒有絕對的。

原型的蛋白質豆類營養豐富，但營養素各有不同。

每 100g 豆類	蛋白質	碳水化合物	膳食纖維	淨醣量
黃豆	5 份	32.9g	14.5g	18.4g
黑豆	5 份	33.7g	21.5g	12.2g
毛豆	2 份	12.5g	6.4g	6.1g

豆類常以加工製品烹調，其 100 公克的蛋白質含量不同：豆皮 3.5份、素雞 2 份、五香豆干 2.8 份、豆干絲 2.6 份、黑豆干 2.5 份、百頁及千張 2 份、小三角油豆腐 1.8 份、木棉豆腐 1.4 份、傳統豆腐 1.2 份、雞蛋豆腐 1.0、嫩豆腐 0.7 份、豆花 0.5 份。

葷食者可將豆製品納入蛋白質食物清單，在營養素多樣性上可以獲取更多，且飽和脂肪攝取量可以減少。豆製品也常出現在葷食的料理中，例

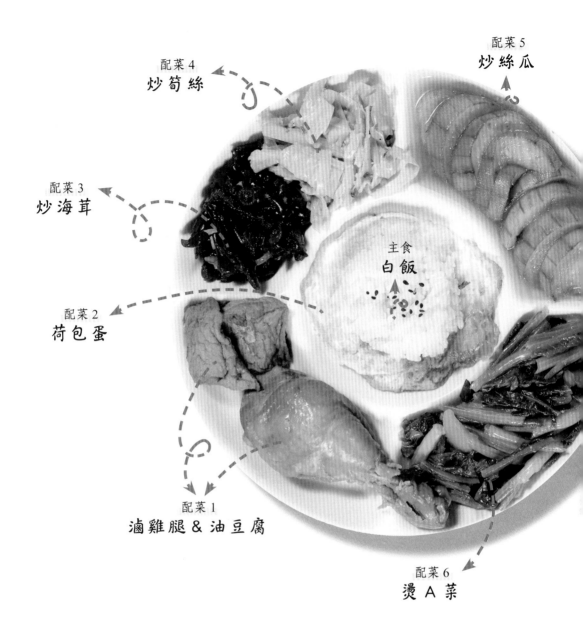

配菜 5
炒絲瓜

配菜 4
炒筍絲

配菜 3
炒海茸

主食
白飯

配菜 2
荷包蛋

配菜 1
滷雞腿 & 油豆腐

配菜 6
燙 A 菜

如魚蝦和豆腐蒸、豆干絲和小魚乾炒、培根豆皮卷等。在右頁的滷雞腿飯這道料理，綜合了三角油豆腐、雞肉、小魚乾及蛋，提供四份蛋白質，海茸及其它蔬菜也含二份蛋白質。

滷雞腿飯餐盤

熱量	蛋白質	脂肪	醣類	膳食纖維	淨醣量
790.7kcal	45.9g	52.8g	38.6g	6.2g	32.4g

豆魚蛋肉類	非豆魚蛋肉類		非蔬菜醣量	蔬菜醣量
31.8g	14.1g		24.7g	13.9g

主食

材　料｜白飯 40 公克

配菜 1 滷雞腿&油豆腐

材　料｜帶骨棒棒腿 90 公克、三角油豆腐 2 塊、蔥 20 公克、薑片 10
　　　　公克

調味料｜滷包 1 包、醬油 50 毫升

作　法｜

1 棒棒腿洗淨,在表面畫上刀痕,幫助入味。

2 蔥切段、薑切片。

3 內鍋放入棒棒腿、油豆腐、蔥段、薑片、滷包及醬油,外鍋 1.5 杯
　水,電鍋開關跳起即可盛盤。

配菜 2 荷包蛋

材　料｜蛋 1 顆、油 1 茶匙

作　法｜熱鍋加入油,將蛋打入,煎至凝固後再翻面煎熟即可。

配菜 3 　炒海茸

材　　料｜海茸 50 公克、油 1.5 茶匙

調味料｜鹽適量

作　　法｜請見 p.65。

配菜 4 　炒筍絲

材　　料｜筍絲 50 公克、小魚乾 10 公克、油 1.5 茶匙

調味料｜鹽適量

作　　法｜請見 p.65。

配菜 5 　炒絲瓜

材　　料｜絲瓜 100 公克、油 1 茶匙

調味料｜鹽適量

作　　法｜請見 p.64。

配菜 6 　燙 A 菜

材　　料｜A 菜 100 公克、油 1 茶匙

調味料｜鹽適量

作　　法｜

1 A 菜洗淨切段，滾水川燙 3 分鐘撈起瀝乾。

2 加鹽、油拌均即可。

不同來源的蛋白質各有其微量營養素的優點，因此，沒有絕對的好與壞。

土豆、花生
各有所指

　　土豆，指的不是台語版的花生，而是馬鈴薯。右頁所示範的「酸辣土豆絲」並不是以完整一餐的菜餚來呈現，而是搭配少量配色蔬菜的主食，類似炒飯、炒麵的料理。馬鈴薯約 90 公克一份醣，在西式餐點中，和麵、麵包一樣，同樣常出現在餐桌上，提供主食醣量。相較於地瓜（約 48 ～ 60 公克一份醣）很少和其它蔬菜、蛋白質食物搭配成為一道料理，而加入玉米、南瓜、馬鈴薯的料理食譜就很多。

　　馬鈴薯的品種很多，有褐皮、紅皮、紫皮、白肉、黃肉、拇指、迷你，碳水的含量相近。口感上分粉質和蠟質，扁橢圓形的克尼伯是粉質，較適合燉煮、濃湯、炸；皮淺黃橢圓形的台農一號是蠟質，用在咖哩料理、日式馬鈴薯燉肉、炒，炒土豆絲用的就是這個品種；其它不同顏色的彩色洋芋，屬蠟質，適合的料理有炸、蒸熟後挖空果肉當盛裝容器。馬鈴薯的升糖指數反應和品種及烹調方式有關，從低到高依序為：水煮、煎、炸、烘烤，在控制醣量的前提下，血糖影響的差異不大。

這道主食料理熱量有 174 大卡，味道豐富，搭配蔬菜或湯料理，例如番茄雞蛋豆腐；葷食可參考 p.74 的海鮮麥片粥料理，以炒土豆絲取代麥片，這兩種搭配方式，熱量合計都不超過 500 大卡。

酸辣土豆絲

熱量	蛋白質	脂肪	醣類	膳食纖維	淨醣量
174.0kcal	3.0g	10.7g	18.5g	3.4g	15.1g

豆魚蛋肉類	非豆魚蛋肉類		非蔬菜醣量	蔬菜醣量
0g	3.0g		16.7g	1.8g

主食

材　料｜馬鈴薯（土豆）90 公克、紅黃椒各 5 公克、青蔥 5 公克、乾辣椒 5 公克、花椒 5 粒 (3 公克)、油 2 茶匙

調味料｜鹽適量、烏醋 2 茶匙

作　法｜

1 馬鈴薯切絲，泡冷水後撈起瀝乾。

2 熱鍋，放入 2 茶匙油，炒香辛香料，放入馬鈴薯絲。

3 炒熟後，放入鹽與烏醋拌炒，起鍋。

馬鈴薯的升糖指數和品種及烹調方式有關，控制醣量的前提下，血糖影響的差異不大。

營養豐富的
加蛋湯料理

　　蛋的煮湯料理，是可以獨享或是分食的簡易料理，而豆腐及番茄，任一項或是兩項，都可以和下列蔬菜一起搭配：紫菜、海帶芽、海葡萄、蘑菇、香菇、秀珍菇、金針菇、絲瓜、洋蔥、白菜、高麗菜、大黃瓜、竹筍、芹菜葉、山茼蒿、秋葵、菠菜、花椰菜、黑木耳、青木瓜（100 公克青木瓜淨醣量 4.8 公克，比洋蔥 8.7 公克少）等，變化出各種不同味道。

　　蛋花湯所添加的蛋白質，除了豆腐、豆皮外，毛豆也是不錯的食材，膳食纖維豐富，每 100 公克淨醣量才 6.1 公克。並不是每樣豆製品蛋白質都豐富，例如響鈴涮涮卷，一個才含蛋白質 0.9 公克，脂肪卻有 11.5 公克，碳水 0.8 公克。對非蔬食者來說，簡單料理的蛋白質除了肉片外，可加入貢丸或魚丸，雖然不是原型食物，但可偶爾選用，不但是取得方便的食材，還可以估算好蛋白質份數，再決定放幾粒。

貢丸種類	蛋白質	脂肪	碳水化合物
豬肉貢丸 （一粒 19 公克）	3.0 公克	4.9 公克	1.0 公克
虱目魚丸 （一粒 19 公克）	2.2 公克	4.0 公克	2.2 公克
花枝丸 （一粒 28 公克）	2.4 公克	3.4 公克	3.5 公克

這道番茄雞蛋豆腐沒有設計主食，可以選擇加入少許玉米、南瓜，非蔬菜的醣量會再增加一些。

番茄雞蛋豆腐

熱量	蛋白質	脂肪	醣類	膳食纖維	淨醣量
318.6kcal	22.3g	20.1g	17.4g	5.6g	11.8g

豆魚蛋肉類	非豆魚蛋肉類		非蔬菜醣量	蔬菜醣量
19.9g	2.4g		11.2g	6.2g

主食

材　料｜雞蛋 1 顆、番茄 1 顆 150 公克、豆腐 115 公克、毛豆仁 50 公克、油 2 茶匙

調味料｜鹽適量、醬油 1 湯匙

作　法｜

1 番茄畫十字泡熱開水約 2 分鐘，去皮切丁。

2 雞蛋打散、豆腐切正方形備用。

3 熱鍋放油煎豆腐至兩面微黃，倒入蛋液煎熟後起鍋。

4 再倒入油、加入番茄丁、毛豆仁炒香後加入半碗水與醬油，再加入雞蛋豆腐煮到入味即可。

毛豆是不錯的食材，膳食纖維豐富，每 100 公克淨醣量才 5 公克。

黃豆家族
好搭多變化

　　豆包、豆皮都是取自豆漿加熱後的上層薄膜，可分成生豆包及烘乾油炸過。一張豆皮約接近一份蛋白質，香菇及黑木耳也是含蛋白質的蔬菜。豆皮的烹調及入味方式很多，炒、紅燒、涼拌、煙燻、包捲、烤、炊煮、氣炸等。

　　和豆皮類似的還有腐竹，一樣是豆漿加熱煮沸後，表面形成一層薄膜，將所挑出的薄膜下垂成枝條狀，再經乾燥，因形狀像竹枝狀，所以稱為腐竹。

　　千張是一種特殊的豆製品，是一片特別大、特別薄、有一定韌性的豆腐乾，是由特製工具層層壓製而成，出品的時候看起來有千百張疊加在一起，所以稱為「千張」。千張可以炒、當餡皮或捲皮，讓豆製品做為蛋白質來源選擇，有更豐富的味道。

豆製品	蛋白質	脂肪	碳水化合物
生豆包（100 公克）	21.5 公克	10 ～ 12.6 公克	1.8 公克
炸豆皮（100 公克）	23 公克	27 公克	1.8 公克
腐竹（100 公克）	47 ～ 53 公克	24 ～ 30 公克	4 ～ 14 公克
千張一張 （約 3 ～ 9 公克）	1.6 ～ 4.8 公克	0.5 ～ 1.5 公克	0.3 ～ 1.0 公克

「什錦蔬菜炒豆包」的蔬菜已經提供一份醣量，蛋白質也超過 4 份，在搭配上可以再加上一份醣主食，飯、麵食或粥皆可，熱量增加至 450 大卡左右。

當蔬菜已經提供一份醣量，可自行選擇再加上一份醣主食，或不加也可以。

 什錦蔬菜炒豆包

熱量	蛋白質	脂肪	醣類	膳食纖維	淨醣量
377.8kcal	36.7g	19.5g	19.6g	7.3g	12.3g

豆魚蛋肉類	非豆魚蛋肉類		非蔬菜醣量	蔬菜醣量
31.6g	5.1g		4.7g	14.9g

主食

材　料｜豆包 2 片（約 125 公克）、高麗菜 100 公克、香菇 100 公克、紅蘿蔔絲 15 公克、芹菜 25 克、薑絲 10 公克、油 1 茶匙

調味料｜鹽適量、辣椒醬 1 湯匙

作　法｜

1 熱鍋放油炒香薑絲，依序放入豆包、蔬菜炒熟。

2 加鹽、辣醬拌炒入味，灑上芹菜裝盤即可。

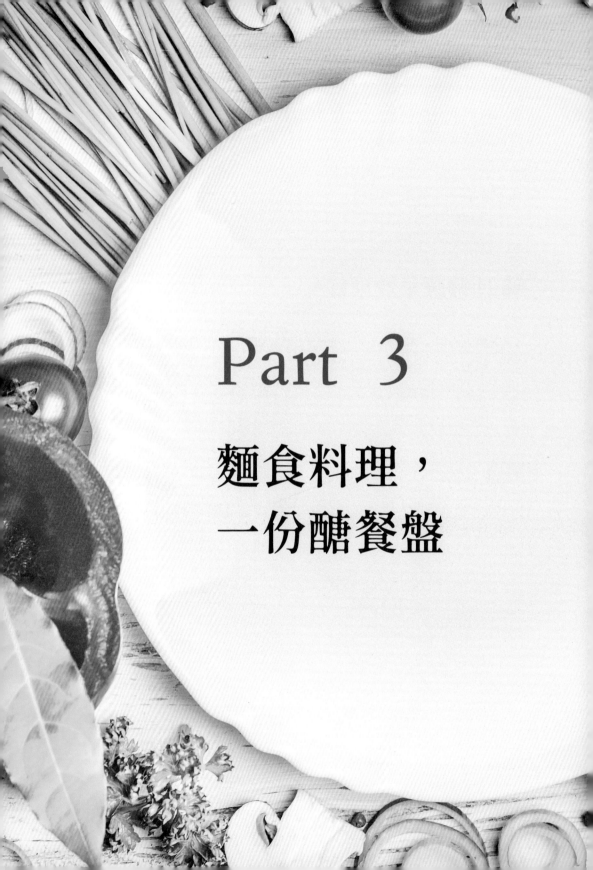

Part 3

麵食料理，
一份醣餐盤

不用計算，
也能控制好**熱量**？

　　書中食譜一餐的熱量平均約為 500 大卡（少則 300 多卡，多則接近 900 大卡），每餐都搭配了至少三份蛋白質，早餐的蔬菜配量較少，這也是較接近一般大眾的生活習慣，熱量相對也較低。

　　影響熱量最多的是烹調方式，油煎的菜色多，熱量就會跟著高，其次是肉本身的油脂含量；反之，書中燙煮為主的餐盤，熱量一般都不超過 500 大卡，像「海鮮冬粉湯」這道料理，熱量只有 455 大卡。當要調整熱量攝取時，讀者可以根據需求，自行調配烹煮方式及食材。

　　熱量的需求雖然有公式，可根據體位及活動量估算，但我並不鼓勵以這種方式進行。因為估算有難度，要算出熱量，得從每項食材、調味品、烹調油逐一秤重或使用量匙，接下來運用食品標示及資料庫查詢，找出各品項對應的巨量營養素（碳水化合物、蛋白質、脂肪）含量，再相加得到總熱量結果。如果不是一人份的備餐，就要平均分配，再除以用餐人數，如果每個人的實際攝取不同，就要個別秤重，才能正確計算。

　　熱量消耗比攝取量更難以正確估算，無論使用對照表或是穿戴型裝置，所提供的消耗量都只是參考值。而且人體腦部下視丘的調節，基本上會調整成阻擋長期熱量進出的負平衡，這也就是為什麼減重剛開始進度快，之後就會慢下來，而復胖卻又很容易。建議以低醣飲食搭配持續運動，會有不錯的減脂效果。對於改善血糖代謝而言，控制醣量比計算熱量，是更關鍵的重點。

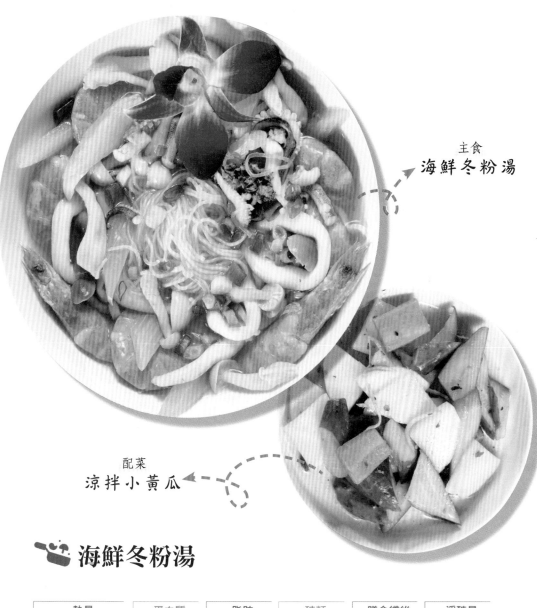

主食
海鮮冬粉湯

配菜
涼拌小黃瓜

🍲 海鮮冬粉湯

熱量	蛋白質	脂肪	醣類	膳食纖維	淨醣量
455.5kcal	44.2g	17.7g	33.6g	6.2g	27.4g

豆魚蛋肉類	非豆魚蛋肉類		非蔬菜醣量	蔬菜醣量
39.5g	4.7g		18.5g	15.1g

主食 | 海鮮冬粉湯

材　料｜冬粉 20 公克、南美白蝦 8 尾（含殼約 150 克）、軟絲 120 公克、鴻喜菇 50 公克、雪白菇 50 公克、芹菜 50 公克、薑 3 片約 6 公克、油 2 茶匙

調味料｜鹽少許

作　法｜

1 冬粉泡溫水約 20 分鐘，泡開變軟。

2 滾水放入薑片，放入蔬菜類，加適量鹽煮熟蔬菜。

3 放入冬粉煮 1 分鐘（烹煮時間依個人口味決定軟硬度），再放入海鮮。

4 煮熟後，裝盤淋上橄欖油。

配菜 | 涼拌小黃瓜

材　料｜小黃瓜 130 公克、白蘿蔔 70 公克、紅蘿蔔 10 公克

調味料｜鹽少許、辣油少許

作　法｜

1 小黃瓜切段後用刀背拍裂，白蘿蔔與紅蘿蔔切塊放進容器中。

2 放少許鹽巴抓醃後放置半小時。

3 半小時後小黃瓜會出水，先將水倒掉，再用開水將小黃瓜稍微沖洗並瀝乾。

4 加入辣油及適量鹽巴，抓勻後蓋上蓋子放置冷藏至少 1 小時即可享用（放置隔天會更入味）。

醬料 自製好吃辣油

材　料 | 乾辣椒粉 50 公克、八角 4 顆、老薑 5 ～ 6 片、花椒 10 公克、
白芝麻 50 公克、油 200 毫升

作　法 |

1 熱鍋，倒入油待冒煙（約 180 度），將老薑、八角、花椒放入油鍋，
微炸出香味。

2 耐熱容器中依順序放入乾辣椒粉、白芝麻（放最上面），倒入步驟 2
炒香的油，攪拌均勻。

3 冷卻後分裝玻璃瓶，可冷藏存放 3 個月。

以低醣飲食搭配持續
運動，就會有不錯的
減脂效果。

進食順序
改變了什麼？

　　用餐時，第一口先吃菜或是蛋白質，聽起來充滿儀式感的進食順序，卻是可以改善血糖控制。但這不是指菜或是蛋白質可以幫忙降血糖，蔬菜仍是上升血糖的食物，但含有膳食纖維，可以緩和餐後血糖上升幅度，蛋白質則基本上不會上升血糖。食物經過咀嚼後，會傳遞訊息到腸道，釋放腸泌素，這個腸道荷爾蒙訊號，除了刺激進食後的胰島素分泌外，也透過多重機制，讓飽足感來得快一點，胃的食物排空時間再延長一些。

　　主食醣類不要最早吃，可以稍微緩衝，讓這些幫助血糖控制的荷爾蒙先釋放。但要提醒，這個方式雖可影響生理調節，再反應到血糖改變，但其實效果很有限。重要的是要減下主食醣量，而不是強調蔬菜、蛋白質哪一類先吃。

　　調整進食順序帶來的第二個影響血糖效果，來自升糖指數的改變。單獨吃醣類主食，和混合了蔬菜、蛋白質一起咀嚼，前者血糖衝高較快，後者的進食方式，會拉長醣類主食的咀嚼消化時間。醣類主食吃得愈快，短時期內血糖上升得高，吃飯配菜，飯扒得比較大口，吃菜配飯，每一口送進嘴裡的飯量較少。

　　改變過去的進食順序，先吃蔬菜、蛋白質，慢慢地，會發現口味會變得比較清淡，過鹹會難以入口，太油膩也自然會不喜歡。這樣的調整，讓每道菜餚幾乎都可以單獨享用，一份醣類的主食分量雖少，但味道也會更為突顯。

蔬菜乾麵佐香煎鮭魚

熱量	蛋白質	脂肪	醣類	膳食纖維	淨醣量
616.8kcal	43.1g	35.4g	36.5g	6.9g	29.6g

豆魚蛋肉類	非豆魚蛋肉類		非蔬菜醣量	蔬菜醣量
31.6g	11.5g		18.3g	18.2g

配菜 4
煎櫛瓜

配菜 3
炒高麗菜

配菜 1
滷蘿蔔

主食
蔬菜乾麵

配菜 5
燙秋葵

配菜 2
煎鮭魚

主食 蔬菜乾麵

材　料｜蔬菜麵條 20 公克、橄欖油 1 茶匙

調味料｜鹽適量

作　法｜

1 煮一鍋滾水，將麵條加入，煮熟後撈起。

2 加入橄欖油與適量鹽，攪拌均勻調味。

配菜 1 滷蘿蔔

材　料｜白蘿蔔 240 公克、紅蘿蔔 60 公克、水 200 毫升

調味料｜醬油 30 公克、鹽適量、花椒 10 顆、八角 1 顆

作　法｜

1 將紅、白蘿蔔切成適當大小。

2 全部材料放入電鍋內鍋，外鍋放一杯水，開關跳起即可。

配菜 2 煎鮭魚

材　料｜鮭魚 130 公克

作　法｜熱鍋，放入鮭魚將兩面煎熟即可。

配菜 3 炒高麗菜

材　料｜高麗菜 100 公克、鮮香菇 30 公克、紅蘿蔔 5 公克、蒜末 5 公克

調味料｜鹽適量

作　法

1 鮮香菇洗淨後切片，紅蘿蔔切絲。

2 煎鍋倒入鮭魚油，炒蒜末、香菇及紅蘿蔔絲，再加入高麗菜。

3 加鹽拌炒調味起鍋。

配菜 4　煎櫛瓜

材　料｜綠櫛瓜 100 公克、油 1 茶匙

調味料｜鹽適量、黑胡椒粒少許

作　法

1 將櫛瓜切 0.5 公分左右備用。

2 熱油鍋，小火慢煎櫛瓜至微焦後翻面。

3 兩面都上色後，撒上鹽巴、黑胡椒粒即可。

配菜 5　燙秋葵

材　料｜秋葵 15 公克

調味料｜胡麻醬 0.5 茶匙

作　法

1 秋葵洗淨，切除蒂頭和少許尖尾。

2 水滾，放入秋葵燙熟即可。

先吃蔬菜、蛋白質，可以緩衝血糖上升的速度。

吃飯比吃麵
更好控制血糖？

　　「吃飯比吃麵更好控制血糖？」這個說法雖有其論點，但並不正確。想像您走進一家麵館，點了一碗牛肉麵，可能搭配了兩碟小菜，大多數的情況下，麵條會吃完，這一餐是 4 ～ 6 份醣。對照吃完一個便當，也是 4 ～ 6 份醣，所上升的血糖都是相當可觀。但如果去自助餐，點了 5 種菜餚，搭配半碗白米飯，同樣吃得飽，醣量下降至 2 份左右，血糖增幅就會比前兩者少。習慣上，添飯較能自主調整增減，麵條較不容易。此外，一般麵食可搭配的菜餚也少多了。

　　一般米、麵都是精緻澱粉，但如果選擇糙米或是麵，例如蕎麥麵，在 2 份醣類的比較下，對照白米或是一般麵條，仍可看出血糖上升較少；但調整至 1 份醣，就看不到明顯的差異。米飯及麵條的另一項差異是後者的蛋白質略多一些，但 1 份醣量時，蛋白質總量很少，營養素歸在非豆魚蛋肉類，自己估算時可忽略。

　　米麵影響血糖差異的另一個原因來自升糖指數的綜合反應，單純只觀察米、麵的血糖反應，和綜合菜餚一起進食的反應不同，原則上後者升糖指數較前者少，但無論如何，最關鍵的影響仍是醣量。

　　麵食種類非常多樣，米的種類也很多，只是在台灣，大家習慣吃的種類少。二〇一八年時，我們團隊曾經測試過 17 種麵食的 1 份醣飲食，例如炒泡麵，對喜歡麵體嚼勁口感的人，是兼具控醣及美味的選擇，以 25 公克火鍋用泡麵為主食醣量，搭配海鮮及蔬菜，分量相當飽足。

炒泡麵

熱量	蛋白質	脂肪	醣類	膳食纖維	淨醣量
607.6kcal	38.2g	38.1g	33.1g	5.9g	27.2g

豆魚蛋肉類	非豆魚蛋肉類		非蔬菜醣量	蔬菜醣量
29.2g	9.0g		20.6g	12.5g

主食 火鍋用泡麵 25 公克

配菜

材　料｜高麗菜 100 公克、蝦 6 尾 80 公克、軟絲 80 公克、雪白菇 50
　　　　公克、鴻喜菇 50 公克、青江菜 100 公克、蒜末 5 公克、油 2
　　　　湯匙

調味料｜辣豆瓣醬 10 公克、醬油 1 湯匙

作　法｜

1 將泡麵泡開後，撈起瀝乾來備用。

2 熱鍋加入 2 湯匙油，炒香蒜末、辣豆瓣醬，再加入高麗菜、青江菜、
　菇類，炒熟後再放入軟絲、白蝦與泡麵，加入 1 湯匙醬油調味。

不管是麵或飯，只要
掌握 1 份醣的分量，
即能安心享用。

纖維
愈多愈好？

　　膳食纖維並非人體維生及新陳代謝所需的營養素，僅含少許熱量，但仍和腸胃蠕動及健康有關。成人膳食纖維的建議量需對照食物攝取總熱量，約為每日 20 公克，水溶性膳食纖維大多可以被腸道細菌分解發酵，可延緩胃排空、增加飽足感、延緩血糖上升、增加糞便含水量，蔬菜、水果、燕麥、豆類、海藻等皆含有這類纖維。非水溶性纖維就較不易被腸道細菌分解，可以刺激大腸蠕動排便，增加糞便含水量，有助於減少大腸癌、憩室炎發生，包括全穀類、部分蔬菜、種籽等。

　　低醣飲食鼓勵足量蔬菜，而本書中提供的食譜平均一餐皆有 300 公克生重的多樣蔬菜，在三餐皆有蔬菜搭配下，可以達到膳食纖維攝取量。但為了平衡血糖上升幅度，水果及全穀類仍須控制攝取量，否則血糖控制會受到明顯影響。膳食纖維對延緩血糖上升的效果是很有限的，因此，只是多吃蔬菜但飯麵的醣量不減，是完全達不到改善血糖的效果。

　　選擇蔬菜時，我不鼓勵只挑粗纖維，當纖維量攝取多時，腸胃消化時間較長，糞便量也隨之增加，對有些人來說反而會造成排便不順。烹煮時，並不需要每項食材都查詢營養素，只要注意總重量，運用配色及多樣化，這樣就能避免纖維過量或是不足，也豐富了食物的調味及口感。

　　菇類、胡蘿蔔、三色椒、玉米筍、番茄、芹菜、香菜、木耳、蔥、薑、蒜、辣椒等，都可以運用在色、香、味的搭配中，可以數一數自己一

天吃了多少天然食材，我平均約有三十種。番茄雞蛋麵搭配涼拌木耳，膳食纖維高達 19.2 公克，是本書食譜平均值的 3 倍。

番茄雞蛋麵

熱量	蛋白質	脂肪	醣類	膳食纖維	淨醣量
451.4kcal	30.8g	19.4g	50.6g	19.2g	31.4g

豆魚蛋肉類	非豆魚蛋肉類		非蔬菜醣量	蔬菜醣量
21.8g	9.0g		21.9g	28.7g

配菜
涼拌木耳

主食
番茄雞蛋麵

主食 **番茄雞蛋麵**

材　料｜雞蛋麵（乾麵條）20 公克、嫩豆腐 1 盒（300 公克）、水煮
　　　　蛋 1 顆、番茄 180 公克、鮮香菇 50 公克、芹菜 50 公克

調味料｜鹽適量

作　法｜

1 麵條燙熟，撈起冰鎮備用。

2 所有蔬菜切好，放入熱水煮出香味，加入適量鹽調味。如果不喜歡番
　茄皮的口感，可先在番茄底部畫十字，放入滾水，30 秒後取出，放
　涼後去皮即可。

3 再放入切塊豆腐、燙熟的麵條，煮滾即可。

配菜 **涼拌木耳**

材　料｜乾木耳 20 公克、紅蘿蔔絲 5 公克、薑絲 5 公克

調味料｜烏醋 1 茶匙、醬油 1 茶匙、麻辣醬 1 茶匙

作　法｜

1 乾木耳泡熱水約 20 分鐘。

2 滾水中加入鹽巴川燙
　木耳，再次煮滾後撈
　起瀝乾，放入冰水中
　冷卻。

3 將冷卻後的木耳瀝
　乾，放入調味料拌
　勻，放入冰箱冷藏，
　建議可放置一天更加
　入味。

運用食材配色及搭配多樣
化，能避免纖維過量或是
不足，並豐富食物的調味
及口感。

自己「麵對」
好控糖

　　想要減少飯的食用分量只要少添些飯，但我們習以為常的麵條、米粉、冬粉、河粉，無論是煮成湯或是拌炒，一次就會有大約 3 ～ 6 份醣量，且搭配的蔬菜及蛋白質分量都偏少。

　　麵食類一份醣生重公克數大約是：冬粉 17、寬粉 17、米（炊）粉 17、麵條（陽春）20、油麵 20、雞蛋麵 20、麵線 21、蕎麥麵 21、王子麵 22（大的半包、小的 1.5 包）、粿仔 22、拉麵 24、意麵 25、雞絲麵 27、刀削麵 27、寬麵條 30、河粉 30、純米米苔目 50、烏龍麵 54、米線（瀨粉）60。個人份建議秤重取適量數量，多人分享一起煮時，熟重一般約估生重的 2.5 倍，冬粉可達 4 倍。如果整把煮，依包裝不同，麵條類接近 5 份醣，冬粉一把約 3 ～ 4 份醣。

　　我的正餐約有一半的機會，會以一份醣麵食類為主食。一個人簡單煮時，我也會使用泡麵，麵條取四分之一，剩下的留到下次再煮食。水滾後，先放耐煮的蔬菜、嫩豆腐半盒，之後放入泡麵，2 ～ 3 顆蛋，或是 2 顆蛋加 2 片涮肉片，肉片及快熟的蔬菜在起鍋前再加入，調味包通常只放半包，從備料洗菜開始，15 ～ 20 分鐘左右，就有一大鍋豐盛的低醣正餐。只要蔬菜及蛋白質足量，要降下麵條醣量就不難。

　　這道以 20 公克「蔬菜麵」為主食，搭配三道煎炒蔬菜及一道豬肉料理的餐盤，蛋白質有三份來自豬肉，近二份來自麵條和蔬菜，麵條和蔬菜合計有二份醣類，膳食纖維約有一天建議量的一半。

蔬菜麵佐時蔬

熱量	蛋白質	脂肪	醣類	膳食纖維	淨醣量
855.5kcal	34.2g	64.5g	42.3g	11.1g	31.2g

豆魚蛋肉類	非豆魚蛋肉類		非蔬菜醣量	蔬菜醣量
22.2g	12.0g		20.4g	21.9g

配菜2
炒青江菜

配菜1
彩椒炒肉片

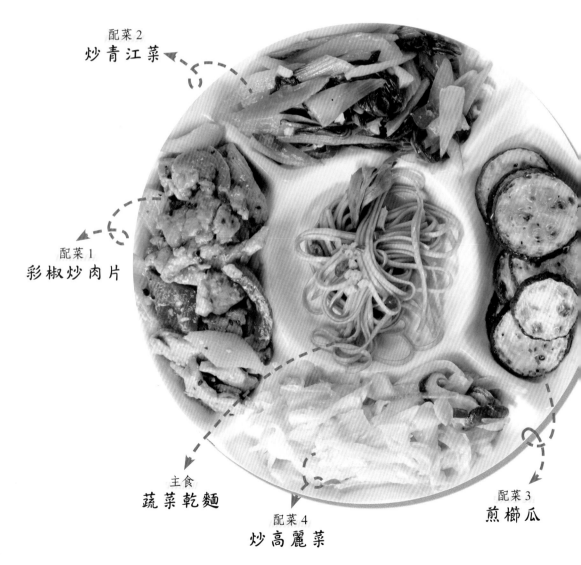

主食
蔬菜乾麵

配菜4
炒高麗菜

配菜3
煎櫛瓜

主食 蔬菜乾麵

材　料｜蔬菜麵條 20 公克、橄欖油 1 茶匙

調味料｜鹽適量

作　法｜

1 滾水，放入麵條煮熟後撈起。

2 加入橄欖油與適量鹽調味，攪拌均勻。

配菜 1 彩椒炒肉片

材　料｜豬肉片 105 公克、紅黃椒各 45 公克、蒜末 3 公克、太白粉 1 小匙、油 2 湯匙

調味料｜醬油 9 毫升、米酒 5 毫升

1 醃豬肉片，以醬油、米酒、太白粉與蒜末一起抓醃 15 ～ 20 分鐘。

2 川燙紅黃椒 2 分鐘後撈起備用。

3 熱鍋放油，以大火炒肉片 30 秒，倒入川燙好的蔬菜拌勻即可。

配菜 2 炒青江菜

材　料｜青江菜 200 公克、蒜末 4 公克、紅辣椒 2 公克、油 2 茶匙

調味料｜鹽適量

1 青江菜洗淨切段備用。

2 倒入油、蒜末、辣椒及鹽巴炒香後，轉大火快炒青菜即可。

配菜 3 | 煎櫛瓜

材　　料｜綠櫛瓜 100 公克、油 1 茶匙

調味料｜鹽適量、黑胡椒粒少許

作　　法｜

1 將櫛瓜切 0.5 公分左右備用。

2 熱油鍋,小火慢煎櫛瓜至微焦後翻面。

3 兩面都上色後,撒上鹽巴、黑胡椒粒即可。

配菜 4 | 炒高麗菜

材　　料｜高麗菜 100 公克、鮮香菇 30 公克、紅蘿蔔 5 公克、蒜末 5 公克、油 1.5 茶匙

調味料｜鹽適量

作　　法｜

1 鮮香菇洗淨後切片,紅蘿蔔切絲。

2 煎鍋倒入鮭魚油,炒蒜末、香菇及紅蘿蔔絲,再加入高麗菜。

3 加鹽拌炒調味起鍋。

一份醣麵食的分量看起來雖然不多,但只要蔬菜及蛋白質足量,仍能吃得滿足、飽足。

義大利麵
是健康麵食？

　　一般小麥麵的升糖指數 81.6，義大利麵升糖指數約 55，因此義大利麵被認為是較健康的麵。義大利麵依形狀種類可以分為直麵、鳥巢麵、蝴蝶麵、螺旋麵、通心麵、貝殼麵、筆尖麵，一份醣的重量都差不多約 21 公克。口感帶有嚼勁，麵體紮實，吃得到小麥的香氣。千層麵依配方不同，一份醣約 20 ～ 28 公克，添加食材也會不同，通常有奶油、牛奶、乳酪、絞肉、番茄等，成品一份醣約 100 公克左右。

每 100 公克	碳水化合物	蛋白質	脂肪	比較
義式番茄紅醬	11.5	1.0	6.8	碳水量最高
波隆那肉醬	9.1	10.2	10.1	蛋白質最高
厚奶蘑菇白醬	5.0	2.4	33.0	熱量最高
塔香松子青醬	2.0	7.0	7.0	碳水量、熱量最低

　　醬料是義大利麵的特色，隨著醬料的不同，營養成分也不同。一整份義大利麵約有 4 ～ 6 份醣，可以和同桌用餐親友一起分享麵食，讓在義式餐廳外食也能自在享用。

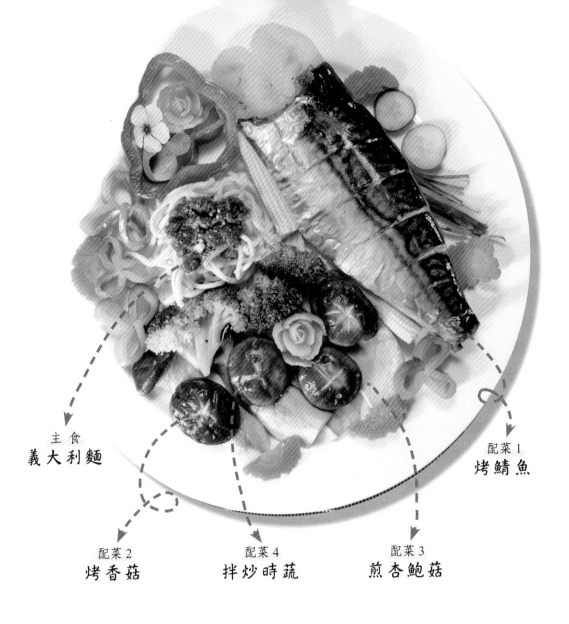

主食
義大利麵

配菜 1
烤鯖魚

配菜 2
烤香菇

配菜 4
拌炒時蔬

配菜 3
煎杏鮑菇

　　這道以義大利麵為主食醣類，搭配了烤鯖魚及多種蔬菜，鯖魚及肉醬合計有六份蛋白質，蔬菜用了 260 公克，是一道大分量食物的餐盤，熱量七百大卡左右，並不特別高。食量不大的人，可以將魚及蔬菜減半，熱量會減至約五百大卡。

挪威鯖魚義大利麵

熱量	蛋白質	脂肪	醣類	膳食纖維	淨醣量
712.4kcal	56.9g	37.5g	43.8g	10.8g	33g

豆魚蛋肉類	非豆魚蛋肉類		非蔬菜醣量	蔬菜醣量
46.2g	10.7g		18.6g	25.2g

主食 義大利麵

材　料｜義大利麵 20 公克、義大利麵肉醬 20 公克、帕瑪森起司粉 1
　　　茶匙

作　法｜

1 義大利麵煮熟後撈起。

2 將義大利麵與肉醬攪拌均勻,撒上帕瑪森起司 。

配菜 1 烤鯖魚

材　料｜鯖魚 180 公克、油 1 茶匙

作　法｜鯖魚片斜切噴少許油,氣炸 180 度 9 分鐘。

配菜 2 烤香菇

材　料｜鮮香菇 50 公克、油 1 茶匙

調味料｜黑胡椒、鹽適量

作　法｜香菇撒上少許黑胡椒粒、適量鹽,在表面噴少許油,烤 180
　　　度 8 分鐘。

材　料｜杏鮑菇 100 公克、油 2 茶匙

調味料｜黑胡椒、鹽適量

作　法｜杏鮑菇切片，熱鍋放入 2 茶匙油，煎至金黃色，撒上適量鹽、
　　　　黑胡椒粒拌勻。

配菜 4 拌炒時蔬

材　料｜三色椒共 50 公克、青花菜 50 公克、小黃瓜 10 公克、玉米筍
　　　　2 條（約 20 公克）、油 1 茶匙

調味料｜鹽適量、黑胡椒粒少許

作　法｜

1 青花菜洗淨切小朵，紅椒、黃椒、小黃瓜、玉米筍切 1 公分小段。

2 煎鍋倒油，放入所有食材拌炒至熟，加鹽、黑胡椒調味。

吃完一整份義大利麵，約有
4 ～ 6 份醣，選擇番茄紅醬
及肉醬的醣量會多一些，熱
量最高的是厚奶白醬，青醬
的醣量及熱量最低。

一人份的
快煮餐

　　一個人在家想要簡單煮，又想兼具飲食控制與營養時，絲瓜蛤蠣麵線是很好的選擇，吃得飽且熱量又少。這道絲瓜蛤蠣麵線料理示範，熱量不到四百大卡。

　　絲瓜是我喜歡的蔬菜，常有人問，絲瓜湯帶有甜味，是不是要少吃？其實蔬菜的甘味是高湯頭好喝的祕訣，有些廚房還有獨家配方呢！常用來煮湯或熬湯的蔬菜，每100公克生重淨醣公克數依序為：乾香菇28.1、昆布20.7、絲瓜2.9、洋蔥8.7、紅蘿蔔5.8、生香菇3.6、高麗菜3.7、玉米筍3.2、牛番茄3.0、綠竹筍3.0、白蘿蔔2.8。市售的綜合蔬菜高湯每100公克約含淨醣6～9公克，常拿來調配成飲品的甜菜根，100公克淨醣量5.5公克。蔬菜選擇上，儘量一天之中多樣化配色，淨醣高的蔬菜，並不需要避免，因為醣量仍遠低於米麵澱粉類。

　　非魚類的海鮮普遍蛋白質含量高，脂肪含量低，熱量也相對少。一份蛋白質公克數約：小魚乾10、蝦米12、去殼草蝦32、花枝58、海膽44、蟹肉40、淡菜40、小卷44、蝦仁72、章魚55、牡蠣

75、蜆肉 78、文蛤肉 92。小魚乾及蝦米的膽固醇含量雖高，但以一份蛋白質的營養攝取而言，只有一顆蛋黃膽固醇的三分之一不到，牙口好、食量不大的人作為調味配料，可以增加蛋白質攝取量。許多人秋天喜歡吃大閘蟹，依三、四、五兩，整隻分別為 1.2、1.5、2.0 份蛋白質。

🍲 絲瓜蛤蠣麵線

熱量	蛋白質	脂肪	醣類	膳食纖維	淨醣量
373.2kcal	27.6g	16.2g	37.3g	4.2g	33.1g

豆魚蛋肉類	非豆魚蛋肉類		非蔬菜醣量	蔬菜醣量
21.0g	6.6g		23.8g	13.5g

主 食 麵線 25 公克

配 菜

材 料｜絲瓜 350 公克、大文蛤 20 顆（約 320 公克）、雞蛋 1 顆、油 2 茶匙

作 法｜

1 絲瓜切塊。

2 熱鍋，加入 1 茶匙油炒香絲瓜後，倒入 1 碗水，八分熟後再加入蛤蠣，待蛤蠣全開後即可。

3 用 1 茶匙油小火煎蛋。

4 川燙麵線後擺盤。

淨醣高的蔬菜，並不需要避免，因為醣量仍遠低於米麵澱粉類。

這種「飯」
可以多添一些

　　一份醣的米飯熟重只有 40 公克，對食用飯量較大的人，需要更長的時間調整。我們團隊在討論如何從食材中增加蛋白質攝取量時，玉琴想到了毛豆，因為她在診間聽到吃素的糖友分享了黃豆飯，不僅吃得飽，血糖也有改善。不過黃豆在烹煮前要先泡水 4 ～ 6 小時，需要花時間進行前置準備，如果改以毛豆仁，不僅很容易買到，烹調也容易。

　　我們測試了 70 公克毛豆＋ 30 公克紅藜，兩種食材都含有蛋白質，各佔半份醣，血糖高峰 121mg/dL。毛豆拌炒白米飯相當美味，我在鐵板燒餐廳也吃過，建議可以試試 70 公克＋ 20 公克熟飯。毛豆除了整顆食用外，也可切碎。同樣的方式，60 公克玉米粒＋ 20 公克熟飯，再加上配料，也一樣可以吃到半碗、甚至一碗炒飯。

　　蔬菜類中以花椰菜切成小碎粒，口感最接近一粒粒的咀嚼口感，冷凍的花椰菜米很方便買到，現在超商、超市也有販售整盒的花椰菜米餐盒。我們以 300 公克花椰菜取代一份醣米飯，血糖高峰才 115mg/dL，主廚準備了兩種口味的「偽」飯，一大碗以火腿丁、辣椒、青蔥拌炒，另一大碗料理做成鮭魚炒飯。300 公克花椰菜米加上配料的「飯」量真的很多，建議可以試試看 150 公克＋ 20 公克熟飯拌炒，加上配料，這樣就是一大碗。麵條同樣可以運用這個方法，讓餐盤增量，「鮭魚義大利麵」這道料理，搭配了四季豆、長條形的菇，做成像是炒（拌）麵，麵條只有 20 公克，食物分量相當豐富。

鮭魚義大利麵

熱量	蛋白質	脂肪	醣類	膳食纖維	淨醣量
443.1kcal	33.9g	22.0g	32.0g	7.1g	24.9g

豆魚蛋肉類	非豆魚蛋肉類		非蔬菜醣量	蔬菜醣量	
24.3g	9.6g		14.5g	17.5g	

主食 義大利麵 20 公克

配菜

材　料｜鮭魚片去骨 100 公克、鴻喜菇 100 公克、雪白菇 100 公克、四季豆 100 公克、油 3 茶匙

調味料｜鹽適量

作　法｜

1 熱鍋，小火乾煎鮭魚，煎熟後切成小塊備用。

2 熱鍋放入 1 茶匙油，拌炒菇類。

3 川燙四季豆，義大利麵燙熟，放入冰水中冰鎮。

4 將煮熟的食材與 2 茶匙橄欖油、適量鹽一起攪拌一下，即可裝盤。

利用毛豆、花椰菜取代部分麵條或米飯，可以增加分量，又能控制醣量。

外食麵食的
估醣方式

　　外食時估算麵食醣量是一大挑戰，提供以下分量給大家參考。單純只有米粉無其他配料，一份醣大約是四尖匙（15 公克湯匙）或是略少於半碗的量。除了純米米苔目、烏龍麵、米線約半碗略多一些外，其它麵食大概可以用三尖匙估算。

　　其它一份醣麵食類有：三顆水餃、五顆大餛飩、六顆千張水餃。大滷麵、肉羹麵因加入太白粉（約 18 公克一份醣），除了麵體同樣以三匙估算外，湯汁也要注意估算醣量，一大碗酸辣湯約為二份醣。裹粉的肉羹肉，每 100 公克所含碳水化合物為 18.9 公克、蛋白質 9.7 公克、脂肪 14.7 公克，也就是說蛋白質營養不多，但脂肪及碳水都不少，加上湯的澱粉，一碗（240 毫升）的肉羹約有 18 公克碳水。

　　主廚玉琴曾嘗試用一份醣太白粉，搭配蛋、蚵仔、蝦、蔬菜做了一道鮮蝦蚵仔煎，血糖最高增幅是 28mg/dL，至於料理的賞味心得是，除非把太白粉再增量，否則是做不出夜市蚵仔煎的 Q 粉口感。

　　這道「南瓜炒米粉」，是南瓜加米粉的雙主食的料理，所以含兩份醣，再搭配蛋、香菇及蔬菜一起拌炒。乾的細米粉生重約 17.2 公克一份醣，南瓜約 135 公克一份醣。我曾經測試過一份醣米粉，最高血糖增幅是 46mg/dL。炒米粉常加的香菇，是含蛋白

質的蔬菜（生香菇 100 公克，蛋白質 3.0 公克，淨醣 3.6 公克；乾香菇 100 公克，蛋白質 23.3 公克，淨醣 28.1 公克）。

南瓜炒米粉

熱量	蛋白質	脂肪	醣類	膳食纖維	淨醣量
550.3kcal	25.9g	35.2g	38.0g	5.1g	32.9g

豆魚蛋肉類	非豆魚蛋肉類		非蔬菜醣量	蔬菜醣量	
20.9g	5.0g		27.4g	10.6g	

主 食 南瓜 70 公克、米粉 20 公克

配 菜

材　　料｜蛋 3 顆、香菇 60 公克、芹菜 40 公克、高麗菜 100 公克、油
　　　　　4 茶匙

調味料｜醬油 1 茶匙、鹽適量、黑胡椒粉少許

作　　法｜

1 米粉加入冷水泡 5 ～ 10 分鐘。

2 南瓜、香菇、高麗菜與芹菜切絲。

3 熱鍋放入 2 茶匙油，蛋打散炒熟起鍋備用。

4 加入 2 茶匙油炒香菇、高麗菜、芹菜，炒軟後加入米粉，再加入醬
　油、鹽、胡椒粉與 20 毫升水，拌炒即可。

食用羹麵、湯麵等麵食時，要留意湯底及配料是否有加入太白粉，這會使攝取醣量不小心增加。

韓式料理，
需注意隱藏碳水

　　韓式泡菜 100 公克含碳水 5.8 公克（已加入調味的糖），基本上算是蔬菜。但如果使用泡菜醬汁，例如加入湯頭或是醃肉，就要估算醣量，15公克（約一湯匙）含 5 公克碳水。韓式年糕本身，30 公克就有一份醣，差不多是 2 小條的分量，年糕醬需要再加上 5 公克碳水，也就是說 2 條沾醬年糕約有 20 公克碳水。韓式辣醬一湯匙 15 公克，含碳水 6.75 公克，是一般辣椒醬的 2～7 倍，普遍用來和小菜一起調味，享用韓式料理時，建議注意這些隱藏的碳水，過量攝取醣類的可能性很高。嗜辣者常吃的泡麵辛拉麵，一份醣 22 公克，杯麵有 3 份醣，袋裝麵有 5～6 份醣。

　　下頁的餐盤是以貝殼麵為主食，主要的蛋白質是台灣鯛，搭配二種菇類及三樣蔬菜，餐盤中用來做鯛魚調味的韓式泡菜汁，是泡菜罐中取出的，只有少許碳水。四季豆（敏豆）屬豆莢類蔬菜，每 100 公克含碳水 5.3 公克、膳食纖維 2.0 公克、蛋白質 1.7 公克，菜豆（粉豆）、花蓮豆、荷蘭豆（甜豌豆莢）營養素相近，都是蔬菜；同樣是「豆」，黃豆、毛豆、黑豆則是蛋白質。

配菜 1
烤鯛魚排

主食
貝殼麵

配菜 2
煎鮮菇

配菜 3
川燙時蔬

🍳 泡菜鯛魚排佐貝殼麵

熱量	蛋白質	脂肪	醣類	膳食纖維	淨醣量
596.9kcal	47.0g	29.5g	44.7g	6.7g	38.0g

豆魚蛋肉類	非豆魚蛋肉類	非蔬菜醣量	蔬菜醣量
37.5g	9.5g	28.5g	16.2g

主食 貝殼麵

材　料｜貝殼麵 20 公克、義大利麵肉醬 20 公克

作　法｜

1 貝殼麵煮熟後撈起。

2 將貝殼麵與肉醬攪拌均勻。

配菜 1 | 烤鯛魚排

材　料｜鯛魚 200 公克、油 1 茶匙

調味料｜韓式泡菜汁約 70 公克

作　法｜

1 用泡菜汁醃魚肉三分鐘後，噴上少許油。

2 氣炸鍋 180 度 8 分鐘，裝盤裝飾即可。

配菜 2 | 煎鮮菇

材　料｜鮮香菇 70 公克、杏鮑菇 50 公克、油 2 茶匙

作　法｜

1 香菇洗淨、去香菇蒂頭。杏鮑菇切小塊。

2 熱鍋，放入 2 茶匙油，小火將香菇、杏鮑菇煎熟即可。

配菜 3 | 川燙時蔬

材　料｜紅椒 50 克、四季豆 50 公克、玉米筍 10 公克、油 1 茶匙

調味料｜鹽適量

作　法｜

1 滾水川燙紅椒 2 分
鐘後撈起備用。

2 熱油鍋，將紅椒、
四季豆、玉米筍拌
炒至熟。

年糕醬、韓式辣醬通常會
和小菜一起調味，也皆含
有醣量，享用韓式料理時，
建議注意這些隱藏的碳
水，避免過量攝取醣類。

白肉比紅肉
健康？

　　「儘量少吃紅肉」，這是大家常聽到的說法，特別針對有三高問題的人。紅肉之所以會被這樣提醒，主要是飽和脂肪的含量較高，但了解烹飪油及蛋白質食物都是含有三大類脂肪酸，就可以自己在使用或食用頻率上調整。如果完全避開紅肉，那麼常用食物的選單就會減少更多，徒增餐食的限制性。

　　生牛肉，修裁掉明顯油脂後，依含脂肪多寡，一般可估 30 ～ 35 公克含一份蛋白質。牛排點餐時，熟重 3 盎司、生重 4 盎司的牛排約可提供 3 ～ 3.5 份蛋白質。腱子肉常用來燉煮，約估 32 公克，近年來和牛愈來愈普遍，脂肪含量高，50 ～ 60 公克才有一份蛋白質。我喜歡自己煎牛排，厚切 4 公分也能掌握自如，算是我的拿手料理。如果是用烤箱或是氣炸鍋料理，能減下更多油脂。倒是吃火鍋涮牛肉片時，就算吃起來不油膩，但一不注意，反而吃下更多脂肪。

牛肉麵也是玉琴常為團隊準備的午餐,當然是低醣版。一般麵條估20公克生重一份醣,搭配至少300公克生重蔬菜,牛腱肉脂肪含量並不高,這道料理脂肪是低的,飽和脂肪總量比兩顆蛋還少,總熱量才330大卡,大概只有一般市售牛肉麵的一半,蛋白質及蔬菜更豐富,兼顧飽足及健康。

 牛肉麵

熱量	蛋白質	脂肪	醣類	膳食纖維	淨醣量
330.2kcal	35.2g	9.5g	28.7g	6.0g	22.7g

豆魚蛋肉類	非豆魚蛋肉類		非蔬菜醣量	蔬菜醣量	
28.8g	6.4g		15.6g	13.1g	

低醣版牛肉麵,飽和脂肪總量比兩顆蛋還少,總熱量才330大卡,蛋白質及蔬菜更豐富,兼顧飽足及健康。

主 食 烏龍麵（熟）50 公克

配 菜

材　料｜牛腱肉 145 公克、白蘿蔔 200 公克、紅蘿蔔 20 公克、青江菜
　　　　100 公克、綠豆芽 50 公克

調味料｜醬油 10 毫升、鹽適量、八角 3 個、月桂葉 2 片、黑胡椒粒少
　　　　許

作　法｜

1 將牛腱切塊後，川燙去除血水，洗乾淨後放入電鍋。

2 放入紅白蘿蔔、醬油、鹽、黑胡椒粒、八角、月桂葉、水 500ml，外
　鍋放 2 杯水，依個人對肉質軟硬度喜好，電鍋開關跳起後，外鍋可
　再加 1～2 杯水悶煮。

3 等候過程，川燙青江菜、綠豆芽與烏龍麵。

4 電鍋開關跳起後，擺盤即可。

魚
不是只有蛋白質

　　在蛋白質食物建議的順序上，魚比陸生食用動物肉有更優先的位置。魚的蛋白質比肉容易消化吸收，大多屬於低或中脂肉品，海鮮的油脂中有人體必需的脂肪酸 Omega 3，依含量從多至少排序為：鯖魚、秋刀魚、柳葉魚、鮭魚、鱘龍魚、午仔魚、圓鱈、土魠魚、鰻魚、正鰹、白帶魚、刺鯧、香魚、竹筴魚、鬼頭刀、銀（白）鯧、紅目鰱、嘉鱲（真鯛）、吻仔、虱目魚肚、鱸魚。三茶匙（15 公克）魚子醬的 Omega 3 含量，約和 100 公克刺鯧相當；牡蠣、蚵仔、鮭魚卵、龍蝦卵的含量和竹筴魚相近。

　　植物也有 Omega 3，但種類較少，包括：亞麻籽、奇亞籽、球芽甘藍、核桃、紫菜、海藻。另兩種脂肪酸是食物中較常可以足量攝取的，Omega 6 含量豐富的烹調油有：大豆沙拉油、葵花油、葡萄籽油、玉米油，而 Omega 9 有：橄欖油、苦茶油、芥花油、玄米油、酪梨油、花生油；而含 omega 3 的亞麻仁油、紫蘇籽油、藻油都不是食品烹調油。

　　從食物營養的角度，平衡油品使用及攝取海鮮，並不用擔心必需脂肪酸攝取不足，蔬食者也可從特定含量較豐富的食物足量攝取，以一天 1000 毫克的 Omega 3 補充，約等於 12 公克核桃的含量，就達到每日建議攝取量（500 ～ 600 毫克），胡桃的含量約核桃的十分之一。

　　墨魚麵搭配鮭魚、蛋、香菇及蔬菜的這道餐盤，提供了 5 份蛋白質，來自魚和蛋，香菇也有一些蛋白質。魚和蛋的料理沒有添加烹飪油，麵、

配菜 3
拌炒時蔬

主食
墨魚麵

配菜 2
烤香菇

烤香菇及燙蔬菜各加了一茶匙油。鮭魚中段每 100 公克，含 20.7 公克蛋白質、脂肪 9.5 公克、飽和脂肪 2.6 公克，胺基酸及脂肪酸的種類也是豐富的。

烤鮭魚墨魚麵

熱量	蛋白質	脂肪	醣類	膳食纖維	淨醣量
539.6kcal	44.8g	28.0g	32.2g	7.7g	24.5g
豆魚蛋肉類	非豆魚蛋肉類		非蔬菜醣量	蔬菜醣量	
36.2g	8.6g		15.4g	16.8g	

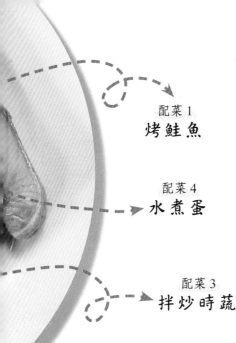

配菜 1
烤鮭魚

配菜 4
水煮蛋

配菜 3
拌炒時蔬

主 食 ｜墨魚麵

材　料｜墨魚麵 20 公克、油 1 茶匙

作　法｜

1 墨魚麵煮熟後撈起。

2 將墨魚麵與油攪拌均勻。

配菜 1 ｜烤鮭魚

材　料｜鮭魚 120 公克

調味料｜黑胡椒粒少許

作　法｜

1 鮭魚洗乾淨後，擦乾水分，撒上黑胡椒粒。

2 氣炸 180 度 8 分鐘。

配菜 2 烤香菇

材　料｜鮮香菇 100 公克、油 1 茶匙

調味料｜鹽適量

作　法｜香菇撒上少許黑胡椒粒、適量鹽，在表面噴少許油，烤 180 度 8 分鐘。

配菜 3 拌炒時蔬

材　料｜紅椒 50 公克、黃椒 50 公克、青花菜 50 公克、小黃瓜 20 公克、油 1 茶匙

調味料｜鹽適量

作　法｜

1 青花菜洗淨切小朵，紅椒、黃叔、小黃瓜切成適口大小。

2 煎鍋倒油，放入所有食材拌炒至熟，加鹽調味。

配菜 4 水煮蛋

材　料｜蛋 1 顆

作　法｜滾水，放入雞蛋煮 6 ～ 8 分鐘即可。

在蛋白質食物建議的順序上，魚比陸生食用動物肉有更優先的位置。魚的蛋白質比肉容易消化吸收，大多屬於低脂或中脂肉品。

吃足蛋白質的
素炒麵

　　將豆干、百頁豆腐等食材切絲，口感上就會像是麵食。豆干絲的口感略偏硬，對咀嚼較費力的人，可以將豆干先切薄片，再斷成絲，這樣就較為容易入口。兩者的營養素相近，豆干絲每 100 公克含蛋白質 18.3 公克、脂肪 8.6 公克、淨醣 2.3 公克；豆干每 100 公克含蛋白質 17.4 公克、脂肪 8.6 公克、淨醣 0.2 公克。

　　若改用百頁豆腐，就建議調整食材搭配。百頁豆腐的脂肪及淨醣是相對多的，每 100 公克含蛋白質 13.4 公克、脂肪 13.1 公克、淨醣 5.8 公克。可以加 1 ～ 2 顆蛋，先煮好切成蛋絲，來補充蛋白質，添加於主食一份醣的料理， 合計醣量約 25 公克。百頁豆腐在涼拌、熱炒、滷、煮、醬（蔥）燒的料理經常可以看到，不必避吃，而是要注意那一餐的食物搭配，要注意減醣減脂。

　　下頁的「涼拌豆干絲」這道料理的口感、配色、營養都是豐富的。黃豆芽算是蔬菜，100 公克含蛋白質 5.4 公克、2.5 公克碳水幾乎都是膳食纖維。無論炒或者煮，這兩樣都是有嚼勁、能添加蛋白質及飽足感的食材，合計蛋白質總量有 26 公克。非蔬菜的醣量主要來自醬油、醋、辣椒醬，一茶匙（5 毫升）的含醣量，醬油約 0.8 ～ 1.5 公克，烏醋約 0.5 公克，白醋比烏醋低，巴薩米克醋約 1.5 ～ 5.0 公克，辣椒醬約 0.6 ～ 1.2 公克。這道料理沒有呈現主食，可以自己選擇一份醣的麵條、米粉、冬粉等，另外

煮熟去水，最後一起加入拌炒即可，淨醣量增加至 20 公克，熱量仍會在 450 大卡左右。

涼拌豆干絲（麵）

熱量	蛋白質	脂肪	醣類	膳食纖維	淨醣量
358.2cal	26.1g	25.5g	12.6g	7.2g	5.4g

豆魚蛋肉類	非豆魚蛋肉類		非蔬菜醣量	蔬菜醣量	
19.2g	6.9g		5.9g	6.7g	

材　料 | 豆干絲 105 公克、紅蘿蔔絲 15 公克、黃瓜絲 100 公克、黃豆芽 50 公克、薑絲 10 公克、橄欖油 2 茶匙

調味料 | 醬油 1 茶匙、醋 1 茶匙、麻辣醬 1 茶匙、鹽適量

作　法 |

1 燙熟豆干絲、豆芽、紅蘿蔔絲、黃瓜絲。

2 將所有材料與調味料拌均即可。

將豆干、百頁豆腐等食材切絲，口感上就會像是麵食，是增加蛋白質、減少醣質攝取的方式。

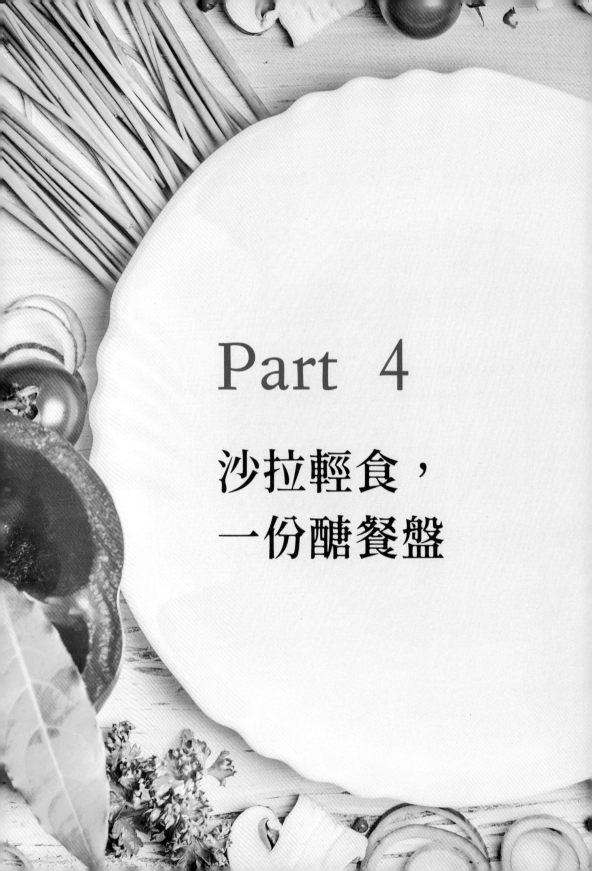

Part 4

沙拉輕食，
一份醣餐盤

小心加工食物中的
隱藏醣和油

　　原型食物容易看得到的油脂，在加工食品中就容易被忽略。例如，各種肉類加工品、醬汁、糕點、奶類製品，普遍含有脂肪及添加糖。

　　我們曾在二〇二〇年進行豬肉乾的一份醣測試，一份醣約 31 公克、10 公克蛋白質、脂肪約 1.6 公克，測試後的血糖峰值是 127mg/dL。可以想像如果以肉乾作為蛋白質的補充來源，一定會同時增加碳水及脂肪攝取。如果選擇圓形的金錢豬肉乾，其脂肪含量更高，而豬肉薄紙片的碳水通常會再多一些。牛肉乾約 40 ～ 50 公克含一份醣，蛋白質有 2 份（14 公克），脂肪比豬肉再少一點。肉乾的碳水都是來自添加糖，雖然有蛋白質，但不建議超過一份醣，同時要注意高脂肪的加工肉品。

　　「水果總匯」中，利用水果作為醣類主要來源，搭配了煎蛋、煎火腿及德國香腸，總脂肪 28 公克中，有一半來自於火腿及香

配菜 2
荷包蛋

主食
綜合水果

腸，不過就總熱量而言，一餐 400 大卡並不多。西式早餐的香腸有很多種選擇，像是這裡用的是德國香腸，每 100 公克食材：蛋白質 12.2 公克、脂肪 21 公克、飽和 8.9 公克、碳水 0 公克。若改選雞肉（白）香腸，蛋白質多 50%，脂肪只有 3.9 公克，還可以用煮的方式烹調。若使用台式香腸：蛋白質 16 公克、脂肪 30 公克、碳水 16 公克，無論碳水或脂肪，都是高的。

🍴 水果總匯餐盤

熱量	蛋白質	脂肪	醣類	膳食纖維	淨醣量
417.8kcal	24.4g		21.6g	4.6g	17.0g

豆魚蛋肉類	非豆魚蛋肉類		非蔬菜醣量	蔬菜醣量
19.9g	4.5g		13.8g	7.8g

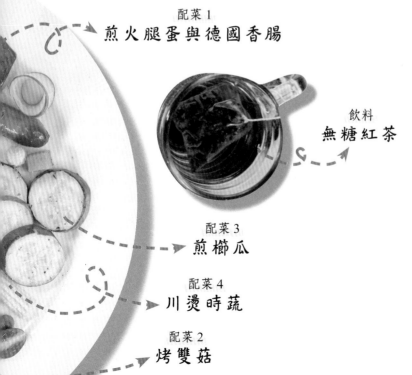

配菜 1
煎火腿蛋與德國香腸

飲料
無糖紅茶

配菜 3
煎櫛瓜

配菜 4
川燙時蔬

配菜 2
烤雙菇

主 食 | 綜合水果

材　料｜蘋果 10 公克、紅肉火龍果 20 公克、茂谷柑 2 片（約 20 公克）、哈密瓜 10 公克、小番茄 5 公克

配菜 1 | 煎火腿蛋與德國香腸

材　料｜雞蛋 1 顆、火腿肉片 40 公克、德國香腸 1 條（約 40 公克）、油 1.5 茶匙

作　法｜熱鍋倒入油，將蛋、香腸煎熟即可。

配菜 2 | 烤雙菇

材　料｜鴻喜菇 50 公克、雪白菇 50 公克、橄欖油 0.5 茶匙

調味料｜鹽適量、黑胡椒粒少許

作　法｜

1 將菇類剝散，加入 0.5 茶匙橄欖油、適量鹽與黑胡椒。

2 以氣炸鍋烤熟（氣炸 180 度 8 ～ 10 分鐘）。

配菜 3 | 煎櫛瓜

材　料｜綠櫛瓜 40 公克、油 0.5 茶匙

調味料｜鹽適量、黑胡椒粒少許

作　法｜

1 將櫛瓜切成 0.5 公分左右備用。

2 熱油鍋，小火慢煎櫛瓜至微焦後翻面。

3 兩面都上色後，撒上鹽巴、黑胡椒粒即可。

配菜 4 川燙時蔬

材　料｜青花菜 10 公克、玉米筍 10 公克

作　法｜

1 青花菜洗淨切小朵。

2 將青花菜、玉米筍放入鍋中燙熟即可。

飲　料

無糖紅茶 1 杯

加工食品容易含有隱藏的油脂和醣質，容易造成飲食過量，建議還是以原型食物為主。

早餐的**飲品**、**配料**
怎麼選擇？

早餐搭配的飲品，在選擇上要平衡碳水、蛋白質、脂肪三大營養素。當食物營養素已經足夠時，可選擇不加糖及奶的咖啡或是茶。

如果飲品具有醣量時，需要同步調整餐盤食材。例如想飲用蔬果汁時，水果數量需控制在半份醣量以下，如果水果占有一份醣，搭配的餐盤食材就要進行減醣。同樣的，燕麥片一份醣約 26 公克（含膳食纖維 4 公克），也需將主食醣量減沙。

想從飲品增加蛋白質，可搭配 150 毫升無加糖濃豆漿，補充一份蛋白質，且僅有 2 ～ 4 公克少量碳水。

在右頁小餐包餐盤中，搭配兩顆煎蛋及一條德國香腸，提供了三份蛋白質，青花菜只用了 50 公克，飲品則是不占醣量的綠茶。青花菜和花椰菜同屬於十字花科甘藍類蔬菜，花椰菜有白、綠、橘黃、紫紅等顏色，綠色的就是青花菜。花椰菜煮熟放涼後放冰箱，要吃之前再取出，可回溫也可以直接享用。上班族或是學生，可以用這個方式攝取到一些蔬菜。除了花椰菜以外，彩椒、紅蘿蔔也是我經常直接從冰箱取出的即食蔬菜。油漬甜椒的調理步驟多一些，也是美味的即食蔬菜。

小餐包如果要搭配奶油，所增加的營養是脂肪，考慮熱量的話，可以改搭配低脂的肉品。花生醬主要的營養也是油脂，10 公克含蛋白質 2.5 公克，依加糖多寡碳水量約 0.5 ～ 2.5 公克。肉鬆的話，蛋白質比花生醬

配菜1
愛心荷包蛋

配菜3
川燙時蔬

飲料
無糖綠茶

主食
小餐包

配菜2
煎德國香腸

少，碳水量是花生醬三倍，過量會影響血糖。10 公克果醬則有 6 公克碳水，要儘量避免。

🍳 麵包超人餐盤

熱量	蛋白質	脂肪	醣類	膳食纖維	淨醣量
566.6kcal	24.4g	43.2g	22.0g	2.7g	19.3g

豆魚蛋肉類	非豆魚蛋肉類		非蔬菜醣量	蔬菜醣量	
20.3g	4.1g		18.0g	4.0g	

主食 小餐包

材　料｜小餐包 1 個（約 30 公克）

配菜 1 愛心荷包蛋

材　料｜雞蛋 2 顆、油 3 茶匙

作　法｜以模具煎荷包蛋，熱鍋每次加入 1.5 茶匙油煎蛋，分兩次下油煎。蛋液先打在模型裡，凝固後再將蛋黃移動到模型正中間，造型更漂亮。

配菜 2 煎德國香腸

材　料｜德國香腸 1 條（約 40 公克）、油 1 茶匙

作　法｜熱鍋，放入 1 茶匙油，小火將香腸煎至微焦黃。

配菜 3 川燙時蔬

材　料｜青花菜 50 公克

作　法｜

1 青花菜洗淨切小朵。

2 將青花菜放入鍋中燙熟即可。

早餐飲品需留意是否含有醣質，並同步調配主食的醣量。果醬的碳水較高，要儘量避免。

飲料

無糖綠茶 1 杯

方便估準
醣量的吐司

30 公克白吐司是一份醣，全麥吐司約 33 公克，市售的薄片吐司，大多都會稍微超過這個重量。其他像是生吐司、厚片吐司、鮮奶吐司的醣量則有 2 份，食用時需對切一半。曾進行麥粉吐司測糖，我的最高血糖增幅是 28；添加豆渣的低醣吐司一片 52 公克，醣量是一份，我的測試血糖最高增幅是 40。

坊間也有推出無澱粉的麵包、糕點類烘焙產品，主要食用者受眾為生酮飲食者。以吐司為例，會以裸麥粉、燕麥纖維、亞麻仁籽、黃豆粉、蛋、杏仁粉、車前子粉等當配方製作，一片 醣 3.5 公克，熱量超過白吐司，價格則會是白吐司的 6 ～ 8 倍，口感上比較接近全麥吐司。

「133 低醣餐盤」的營養素來源以多樣化的原型食物為主，強調足量的蔬菜及蛋白質，相對的，也就不需要限縮日常生活非原型食物種類最多的含醣食物，而是抓準合適的醣量。因此，我並不鼓勵為了吃到整片麵包、蛋糕而改用無澱粉的烘焙產品。我也在造訪的飯店、餐廳，品嚐過烘焙技藝更高超費時，各式「迷你」版的麵包、蛋糕、餅乾，醣量都非常低，也相當美味。

「三色椒炒蛋配吐司」的餐盤，是一道搭配蛋的蔬食餐盤。炒滑蛋需要一點點料理技巧（不依賴加入牛奶、水、糖、奶油等材料增加滑順感）。可利用三顆蛋加一匙 15 毫升的牛奶，減少對營養成分的影響；也可以減少成二顆蛋、加入一杯豆漿或是 100 公克雞蛋豆腐，變化成滑蛋豆腐，同樣可以維持三份蛋白質。

三色椒炒蛋佐吐司餐盤

熱量	蛋白質	脂肪	醣類	膳食纖維	淨醣量
609.8kcal	28.3g	42.4g	36.5g	8.0g	28.5g

豆魚蛋肉類	非豆魚蛋肉類		非蔬菜醣量	蔬菜醣量
20.9g	7.4g		17.3g	19.2g

主食
烤吐司

配菜2
煎鮮菇

配菜3
素炒三色椒

主食 烤吐司

材　料｜吐司 30 公克

配菜 1 炒滑蛋

材　料｜雞蛋 3 顆、油 2 茶匙

調味料｜鹽適量、黑胡椒粒少許

作　法｜

1 雞蛋打散，加入適量鹽與黑胡椒調味。

2 熱鍋倒入油，倒入蛋液快速攪拌至八分熟。

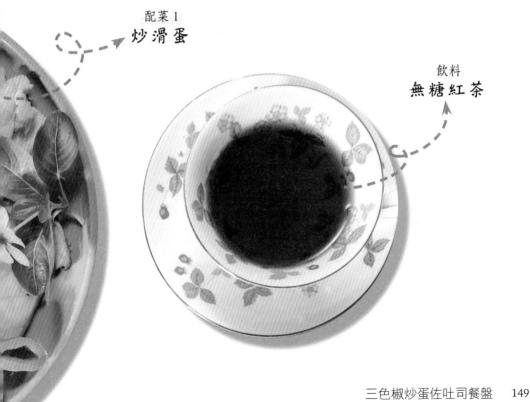

配菜 1
炒滑蛋

飲料
無糖紅茶

配菜 2　煎鮮菇

材　　料｜鮮香菇 1 朵約 15 公克、杏鮑菇 100 公克、油 2 茶匙

調味料｜鹽適量

作　　法｜

1 香菇洗淨、去香菇蒂頭。杏鮑菇對半切成適口大小。

2 熱鍋，放入 2 茶匙油，小火將雙菇煎炒至熟，加鹽調味。

配菜 3　素炒三色椒

材　　料｜紅椒 50 克、黃椒 50 公克、青椒 50 公克、油 1 茶匙

作　　法｜

1 紅椒、黃椒、青椒切成約 1 公分的丁狀。

2 鍋中加入 1 茶匙油，拌炒三種椒至熟即可。

飲　料

無糖紅茶 1 杯

不建議為了減少醣量攝取而選擇特製的無澱粉烘焙產品。各式「迷你」版的麵包、蛋糕、餅乾，醣量都非常低，也相當美味。

以**水果**替代
一份**醣**主食

　　水果本身含有纖維，維生素 A、B1、B2、C，鈣，鉀等，但不建議為了吃到這些營養素，而忽略了醣量控制。維生素存在於多樣食物中，以維生素 C 為例，香椿、辣椒、甜椒、花椰菜、苦瓜、豌豆莢等也都有。原則上，多樣化的食材攝取，可以滿足各類維它命及礦物質的需求。若仍有疑慮，我也贊成補充綜合維生素，畢竟細算各類微量營養素攝取是極為複雜的，對大眾而言，重點應該放在碳水化合物、蛋白質的估算。

　　在進行一份醣飲食半年後，我調整了早餐的內容，開始以水果替代主食，有幾個原因讓我做了這個改變。首先，早上準備蔬菜比較匆忙，進食時間也會拉長。其次，除了一份醣的米飯外，一般市售的澱粉都要分切秤重，才抓得準分量。我喜歡吃水果，但控醣後特別注意減量，畢竟果糖攝取過多，還有造成脂肪肝的疑慮。水果作為早餐方便食用，都是切片（約一指幅寬）或切丁，或是免動刀，像是洗一洗就能吃的葡萄和小番茄。

　　在工作日，我的早餐就是水果（一般可吃到五種左右）、2 顆水煮蛋、豆漿、咖啡、茶。偶有外宿享用飯店西式早餐時，因提供的蛋白質選擇比較多，會搭配各式火腿切片、鮭魚等冷肉，但頻率並不高。

　　以水果切片作為醣類主食的替代，對喜歡吃水果的人，也是簡易準備一份醣的方法。是以 8 顆葡萄替代主食的餐盤，對偏好水果的人，除了作為早餐，也可當成中餐、晚餐，三道蔬菜加上青椒炒雞腿，淨醣量約 1.8 份。

甜葡萄佐彩椒雞腿肉餐盤

甜葡萄佐彩椒雞腿肉餐盤

熱量	蛋白質	脂肪	醣類	膳食纖維	淨醣量
677.5kcal	30.5g	49.8g	34.0g	7.2g	26.8g

豆魚蛋肉類	非豆魚蛋肉類		非蔬菜醣量	蔬菜醣量
23.5g	7.0g		16.9g	17.1g

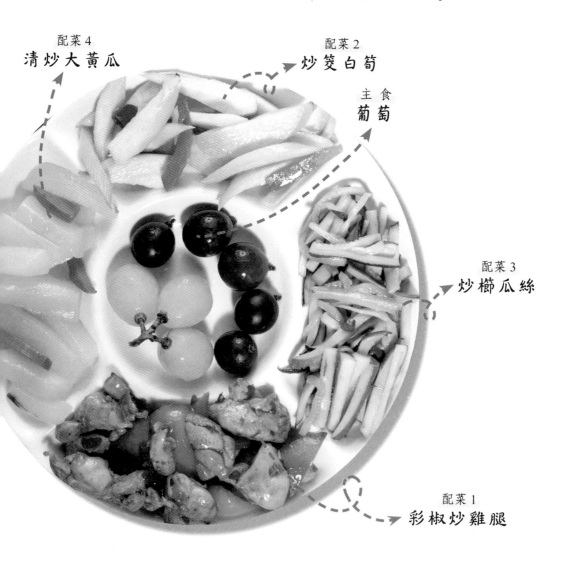

配菜 4
清炒大黃瓜

配菜 2
炒筊白筍

主食
葡萄

配菜 3
炒櫛瓜絲

配菜 1
彩椒炒雞腿

主食 葡萄

材　料｜麝香葡萄 3 顆、巨峰葡萄 5 顆（共 90 公克）

配菜 1 彩椒炒雞腿

材　料｜去骨雞腿 130 公克、黃椒 35 公克、青椒 30 公克、紅辣椒半
　　　　根約 4 公克、油 2 茶匙

調味料｜辣豆瓣醬 10 公克、醬油 1 茶匙

作　法｜

1 黃椒、青椒切成約 1 公分的丁狀。紅辣椒切成絲。

2 熱鍋油炒香雞腿，炒至 5 分熟。

3 放入豆瓣醬、醬油、紅辣椒，再加入黃椒、青椒及 20 毫升水，炒熟
　即可。

配菜 2 炒茭白筍

材　料｜茭白筍 100 公克、紅蘿蔔 8 公克、蒜末 2 公克、油 2 茶匙

調味料｜鹽適量

作　法｜

1 茭白筍切片、紅蘿蔔切絲。

2 熱鍋後爆香蒜末、紅蘿蔔絲，放入茭白筍炒至八分熟後，加入調味炒
　熟即可。

配菜 3 炒櫛瓜絲

材　　料｜綠櫛瓜 100 公克、辣椒 2 公克、蒜末 4 公克、油 1.5 茶匙

調味料｜鹽適量

作　　法｜

1 櫛瓜、辣椒切絲。

2 熱鍋後爆香蒜末、辣椒，加入櫛瓜炒至八分熟後，加入鹽調味炒熟即可。

配菜 4 清炒大黃瓜

材　　料｜大黃瓜 100 公克、辣椒 2 公克、蒜末 4 公克、油 1.5 茶匙

調味料｜鹽適量

作　　法｜

1 大黃瓜切片、辣椒切絲。

2 熱鍋後爆香蒜末、辣椒絲，放入大黃瓜炒至八分熟後，加入鹽調味炒熟即可。

> 水果擁有豐富的維生素，但不建議為了吃到這些營養素，而忽略了醣量控制，依然要掌握一份醣的攝取原則。

生菜好
還是熟菜好？

　　生菜沙拉並不常出現在我的日常飲食中，但我也喜歡吃。剛開始進行低醣飲食時，在漸進調整食量階段，不論是煮熟或是生菜，我每餐都會吃足 300 公克生重的蔬菜。外出時，我可以吃下超商販售的兩盒沙拉，在飯店則會吃完整份的凱薩沙拉。沙拉醬我只搭配油醋，更多時候是不沾任何醬料，有火腿冷肉切片的話，我會和沙拉一起搭配享用。

　　雖然有些營養研究，強調了生菜的好處，並有蔬菜加熱會破壞其中營養素的說法，但考量文化、餐飲習慣、偏好、食材、衛生條件等因素，在低醣增蔬的指導上，我傾向回歸個人選擇，生熟皆佳。

　　在搭配生菜的飲食中，要同時注意油脂營養及熱量。低醣飲食已經減少來自醣類的熱量，如果每餐都傾向無油或是低油飲食，可能同時進入每日油脂低於 50 公克的低油飲食，長期下來，可能會影響荷爾蒙、產生皮膚乾燥等問題，也需注意補充脂溶性維生素 A、D、E、K。

　　下一頁的生料沙拉，玉琴主廚選擇以酪梨作為油脂的主要來源，當然蛋黃也提供了少許油脂。酪梨 100 公克約含脂肪 15 公克，單元不飽和佔 49%，多元不飽和 22%，飽和脂肪佔 29%，酪梨不算水果，歸為油脂類，適合在無油烹調餐食一起搭配。酪梨 190 公克含有一份碳水，加上 320 公克蔬菜、豆漿也含有少量碳水，但加總的膳食纖維也有 15.1 公克，因此淨醣量只有 17.7 公克。

酪梨沙拉餐盤

熱量	蛋白質	脂肪	醣類	膳食纖維	淨醣量
436.8kcal	28.6g	26.4g	32.8g	15.1g	17.7g

豆魚蛋肉類	非豆魚蛋肉類		非蔬菜醣量	蔬菜醣量	
23.0g	5.6g		23.0g	9.8g	

主食

材　料｜酪梨 190 公克

配菜

材　料｜水煮蛋 2 顆、蘿美生菜 100 公克、小黃瓜 80 公克、牛番茄
　　　　140 公克

調味料｜蘋果葡萄醋 10 毫升

作　法｜

1 蘿美生菜洗淨撕塊，泡冷開水，冰鎮後撈起瀝乾備用。

2 酪梨去皮切塊，小黃瓜滾刀切塊，牛番茄切塊。

3 所有食材擺盤，淋上水果醋即可。

飲料
濃豆漿

飲料

無糖濃豆漿 250 毫升

回歸個人選擇與方便食用性，
選擇生菜或是加熱過的蔬菜皆
可，無須執著於某種方式。

一天可以吃幾顆蛋？

　　「豆魚蛋肉」這四類蛋白質簡寫的排列順序是有原因的，是依照食材的脂肪考量，和蛋白質的重要性無關（如以蛋白質生物價來排序，蛋會擺在第一順位）。

　　過去，大家根深蒂固以為，心血管疾病起因於食物造成的高膽固醇血症，近年來的醫學研究證實，身體也有自生性的膽固醇，食物來源只佔部分。同時，隨著人體膽固醇的目標值界定，加上對應的有效治療用藥，食物膽固醇攝取量的建議，相對顯得不是最重要。就心血管健康而言，飽和脂肪和反式脂肪的危害或許高於膽固醇，反式脂肪建議避免攝取，飽和脂肪建議量和一般大眾一樣，上限為總熱量的 10%，以平均一天 1200 ～ 1800 大卡估算，約 13.3 ～ 20 公克，而一顆蛋的飽和脂肪約 1.6 公克。

　　我們診所曾針對吃蛋顆數有做過分析，隨著蛋的增量食用，並未觀察到血脂肪的不良影響，且血中膽固醇控制良率逐年上升，已達八成以上。但別誤會，我並不是建議大家可以提高一天吃蛋的上限顆數，完全以蛋來補充蛋白質，這不是最合適的方式。建議一天中蛋白質的需求，可在豆魚蛋肉類中交替分配，不要過於單一，才是最好的組合。

　　這道愛心蛋是用模具定型，玉琴主廚第一次做的時候還賣關子，說是大家沒吃過的蛋料理。蛋的烹調很多種，常吃蛋，變變花樣，好吃又有

趣。建議可善用不沾鍋煎蛋，好處是用油刷沾幾滴油煎就夠了，直接倒油的話，油量容易過量。

飲料
濃豆漿

配菜 1
愛心荷包蛋

主食
烤吐司

配菜 2
川燙時蔬

愛心荷包蛋佐時蔬餐盤　　159

愛心荷包蛋佐時蔬餐盤

熱量	蛋白質	脂肪	醣類	膳食纖維	淨醣量
544.3kcal	29.4g	37.0g	30.2g	8.3g	21.9g

豆魚蛋肉類	非豆魚蛋肉類	非蔬菜醣量	蔬菜醣量
23.0g	6.4g	19.5g	10.7g

主食 烤吐司

材　料｜吐司 30 公克

配菜 1 愛心荷包蛋

材　料｜雞蛋 2 顆、油 3 茶匙

調味料｜番茄醬 5 公克

作　法｜

1 以模具煎荷包蛋，熱鍋每次加入 1.5 茶匙油煎蛋，分兩次下油煎。

2 盛盤後加一點番茄醬。

配菜 2 川燙時蔬

材　料｜黃椒 50 公克、紅椒 50 公克、青花菜 50 公克、玉米筍 20 公克、鮮香菇 10 公克、橄欖油 1 茶匙

調味料｜鹽適量

作 法

1 黃椒與紅椒切成 1cm 丁狀，青花菜洗淨切小朵，玉米筍、香菇切小塊。

2 所有食材川燙熟後，撈起瀝乾，加入油、鹽拌勻即可。

飲 料

無糖濃豆漿 250 毫升

建議一天中蛋白質的需求，可在豆魚蛋肉類中交替分配，不要過於單一，才是最好的組合。

吃不膩的
百變蛋料理

　　蒸、煮、炒、煎、烘、炸、滷、溏心、溫泉、水波、蛋卷、玉子燒、三色、班尼迪克等等，透過不同烹調及搭配，蛋是可以變化出多樣化料理的食材。

　　利用電鍋煮半熟蛋是我最常吃的蛋料理。蛋洗淨後放在電鍋網架上，外鍋加入 70cc 水，按下電源後計時 11 ～ 12 分半（熟度依電鍋效能及個別喜好不同，自行調整），將蛋取出置於冷水中浸泡 5 分鐘即可食用。

　　溏心蛋，我會一次煮 10 顆，材料有味醂 50cc、醬油 50cc、冷開水 200cc，先用上述電鍋煮蛋法，完成後剝殼放入保鮮盒中，加入所有材料混勻的醬汁（蓋過雞蛋），放於冰箱兩個晚上入味，即可享用。

　　茶葉蛋需經過三煮程序，製作 10 顆茶葉蛋所需的材料有：紅茶包 5 包、黑糖 20 公克、八角 2 粒、花椒 5 公克、醬油半碗。蛋洗過放入鍋內，第一煮在外鍋放 100cc 水蒸 15 分鐘，將蛋取出敲出裂痕，再放回鍋中。進行第二煮，內鍋加水淹過蛋，放入所有材料拌勻，外鍋放兩杯水，開關跳起後再悶半個小時。第三煮，外鍋兩杯水，開關跳起後，放涼即可食用或置於冰箱保存。

　　「歐姆蛋長棍麵包餐盤」，以 30 公克長棍麵包為醣類，蛋料理使用了三顆蛋及 50 公克鮮奶油，讓口感更滑嫩，和一般餐廳的做法相近，如果不加鮮奶油，可減少脂肪 17 公克，熱量降 170 大卡。歐姆蛋可以隨添加的內餡食材變化，多種顏色蔬菜是常用的配料。臺灣家庭料理比較少做

配菜 2
烤香菇

主 食
長棍麵包

配菜 3
川燙時蔬

配菜 1
歐姆蛋

玉子燒，市售的玉子燒 100 公克約有 1.5 份蛋白質、5 ～ 15 公克碳水，壽司店一貫玉子燒約 5.6 公克蛋白質。

🍳 歐姆蛋長棍麵包餐盤

熱量	蛋白質	脂肪	醣類	膳食纖維	淨醣量
692.7kcal	31.0g	54.0g	30.9g	7.9g	23.0g

豆魚蛋肉類	非豆魚蛋肉類		非蔬菜醣量	蔬菜醣量	
20.9g	10.1g		17.2g	13.7g	

主 食　長棍麵包

材　料｜法國長棍麵包 30 公克

配菜 1　歐姆蛋

材　料｜雞蛋 3 顆、油 2 茶匙、鮮奶油 50 毫升（可不加）

調味料｜鹽適量、白胡椒粉少許

作　法｜

1 3 顆雞蛋打散，放入 1 茶匙鹽、1 茶匙白胡椒粉、攪拌均勻（依個人口味可加入 50 毫升鮮奶油）。

2 熱鍋後以 2 茶匙油，倒入蛋液快速攪拌至 5 分熟，再對折一半塑形成半月形。

　TIPS 待蛋液成濕稠狀，關火，慢慢塑型成半月形或橄欖形，再開小火 1 分鐘煎熟。

配菜 2　烤香菇

材　料｜鮮香菇 100 公克（約 7 朵）、油 0.5 茶匙

調味料｜鹽適量、黑胡椒粒少許

作　法｜香菇撒上少許黑胡椒粒、適量鹽、噴少許油，烤 180 度 8 分鐘。

配菜 3 川燙時蔬

材　料｜青花菜 50 公克、玉米筍 50 公克、四季豆 10 公克、紅蘿蔔 5
公克、油 1 茶匙

調味料｜鹽適量

作　法｜

1 青花菜洗淨切小朵，玉米筍、紅蘿蔔切小塊，四季豆切成小段、去除
粗絲。

2 所有食材川燙熟後，撈起瀝乾，加入油、鹽拌勻即可。

利用電鍋，就可以做出
半熟蛋、溏心蛋、茶葉
蛋等美味蛋料理。

素食
有助控醣減脂？

近幾年針對血糖調整，除了低醣飲食外，被建議採行的還有地中海飲食及高纖飲食。地中海飲食的一餐有 2 份蔬菜、1～2 份水果、吃全穀。高纖飲食的膳食纖維來自蔬菜、全穀、豆類、水果。其中有助於減少血糖增幅的是蔬菜，但執行上仍可能導致血糖上升，原因是全穀和水果的醣量攝取過多。

素食或是蔬食者，需要特別注意三個營養狀況：

1. 首先是非蔬菜醣量，建議要減少，即使是全穀的飯或麵。
2. 除了烹調用油外，小心攝取過多的油脂。素食者常吃的豆製品，100 公克重量，對照肉含油脂量分類方式，脂肪超過 10 公克，即算是高油脂，還要避免以煎、炸方式烹調。其他像是黃豆脂肪 15.7 公克；百頁及千張 13.1 公克；黑豆干 12.5 公克；素雞 10.5 公克；小三角油豆腐脂肪 13.3 公克；豆皮脂肪 11.0 公克等。
3. 對於需要調降體脂肪者，對醣及油脂的攝取量，也要注意。

以柿子為主要醣類的蔬食餐中，用了 145 公克木綿豆腐加上一顆蛋，提供了 3 份蛋白質。松茸白菇、秀珍菇、香菇、鴻喜菇、杏鮑菇、滑菇、金針菇、美白菇、猴頭菇、蠔菇、海帶芽、昆布、紫菜、螺旋藻、青花菜、地瓜葉、綠蘆筍、紅莧菜、菠菜、綠櫛瓜、玉米筍，這些蔬食每 100 公克的蛋白質，都在 2 公克以上。蔬食者，容易蛋白質攝取不足，除了黃豆製品及蛋以外，利用這些蔬菜，可以平衡營養需求。

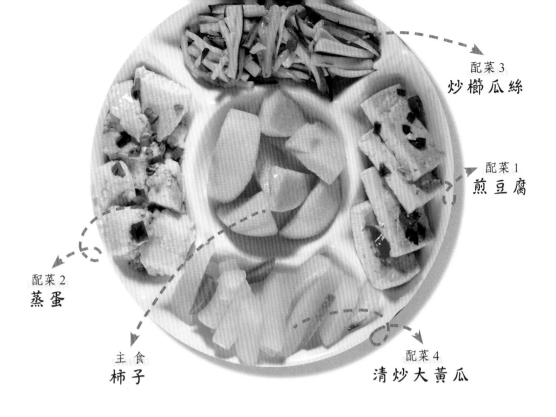

配菜 3
炒櫛瓜絲

配菜 1
煎豆腐

配菜 2
蒸蛋

主食
柿子

配菜 4
清炒大黃瓜

　　對葷食者而言，將豆製品納入蛋白質食物清單，在營養素多樣性上可以獲取更多，且飽和脂肪攝取量可以減少。豆製品也常出現在葷食的料理中，例如魚蝦和豆腐蒸、豆干絲和小魚干炒、培根豆皮卷等。在以甜柿替代主食的餐盤中，就以煎木棉豆腐及蒸蛋一起搭配，提供三份蛋白質。

柿子蔬食餐盤

熱量	蛋白質	脂肪	醣類	膳食纖維	淨醣量
564.5kcal	24.3g	42.4g	27.9g	4.0g	23.9g

豆魚蛋肉類	非豆魚蛋肉類		非蔬菜醣量	蔬菜醣量
19.9g	4.4g		18.4g	9.5g

主食 柿子

材 料｜甜柿約 100 公克

配菜1 煎豆腐

材 料｜木棉豆腐 145 公克、紅辣椒 1 公克、蒜末 1 公克、蔥 2 公克、
油 1 湯匙

調味料｜鹽適量

作 法｜

1 豆腐切塊，辣椒、蔥及蒜頭切末。

2 起油鍋、下豆腐先以大火煎 2 分鐘，再轉中火。豆腐翻面煎到兩面
金黃。

3 盛盤，撒上辣椒末、蔥末、蒜末及適量鹽調味即可。

配菜2 蒸蛋

材 料｜雞蛋 1 顆、蔥 2 公克

調味料｜鹽適量、香油 1/5 茶匙

作 法｜

1 雞蛋、水還有鹽巴混合均勻，並打散成蛋液（雞蛋和水的比例為 1：
2）。

2 以篩網將蛋汁過篩，留在篩網上的蛋液不需再倒入。此動作可使蒸蛋
液更加細緻滑順，如果不介意者可忽略此步驟。

3 裝碗後靜置一會兒，讓泡沫消除（也可用湯匙直接剔除）。

4 放進電鍋，鍋邊放置一根筷子，讓鍋蓋不完全密封、保留一點空隙。
外鍋放入 100cc 水或是蒸 12 分鐘即可。

5 電鍋開關跳起後，如果蛋液尚未凝固，外鍋請再加水蒸煮。

6 蒸熟後，撒上蔥花及香油即可。

配菜 3 炒櫛瓜絲

材　　料 ｜綠櫛瓜 100 公克、辣椒 2 公克、蒜末 4 公克、油 1.5 茶匙

調味料 ｜鹽適量

作　　法 ｜

1 櫛瓜、辣椒切絲。

2 熱油鍋後爆香蒜末、辣椒，加入櫛瓜炒至八分熟後，加入調味炒熟。

配菜 4 清炒大黃瓜

材　　料 ｜大黃瓜 100 公克、辣椒 2 公克、蒜末 4 公克、油 1.5 茶匙

調味料 ｜鹽適量

作　　法 ｜

1 大黃瓜切片、紅蘿蔔切絲。

2 熱鍋後爆香蒜末、紅蘿蔔，放入大黃瓜炒至八分熟後，加入調味炒熟即可。

蔬食者，容易蛋白質攝取不足，除了黃豆製品及蛋以外，利用菇類、海帶芽、玉米筍等蔬菜，可以平衡營養需求。

西式餐飲
也能不爆醣

　　西式餐點出現醣類的機率很高，可能不只要估算一種醣類。餐前通常會有麵包，接著的主餐大多是碳水化合物為主的燉飯、義大利麵、麵疙瘩、千層麵等，所附的湯品常見的有奶油玉米、洋蔥、蘑菇濃湯，基本上也接近一份醣量，加上主餐的配菜可能會有芋泥、薯條、玉米等醣類，還有餐後甜點等，一整餐下來如果照單全收，很難不爆醣。建議外食點餐時多留意菜單內容的醣類、蔬菜、蛋白質的搭配，對超出意料之外的醣類，可以選擇淺嚐、分享或是打包。

　　薯餅、薯泥、薯條常出現在西式料理，一個三角薯餅、半份小薯條或是 1/3 中份薯條約一份醣，肯德基一串烤玉米約一醣。披薩從小到大可分切成 4、6、10 片，餅皮分成薄、厚、芝心，小薄片分切 4 片後一片約 12 公克碳水、厚片約 19 公克，芝心約 21 公克；中型分切 6 片，一片薄、厚、芝心分別為 18、22、28 公克碳水；最大的披薩切成 10 片，每片則分別為 20、28、26 公克碳水。

　　這道以小牛角麵包當主食澱粉的早餐，搭配了近四份蛋白質，分別來自火腿、香腸和蛋，蔬菜有 150 公克，加上一杯義式咖啡。一份醣的麵包大約是：一片薄（去邊）的白或全麥吐司，一片鬆餅，半片（去邊）厚片吐司或生吐司，2/3 可頌麵包，半個牛角、半個佛卡夏、1/4 波蘿麵包、肉桂卷、貝果。如果是速食的話，一份醣量大約是半個三明治、漢堡，

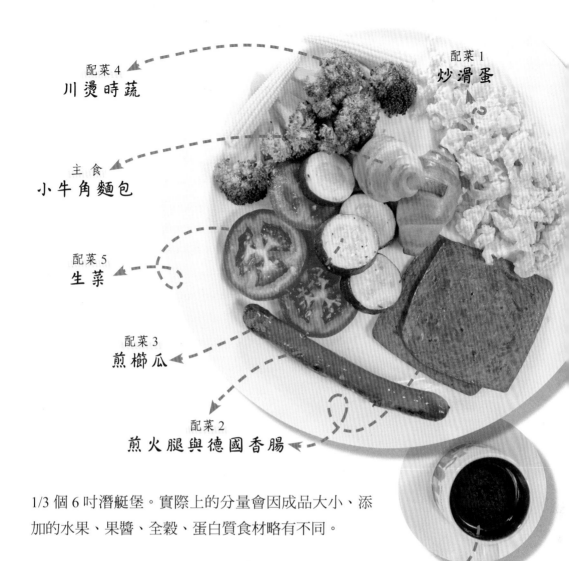

配菜 4
川燙時蔬

配菜 1
炒滑蛋

主食
小牛角麵包

配菜 5
生菜

配菜 3
煎櫛瓜

配菜 2
煎火腿與德國香腸

1/3 個 6 吋潛艇堡。實際上的分量會因成品大小、添加的水果、果醬、全穀、蛋白質食材略有不同。

飲料
無糖義式咖啡

小牛角麵包餐盤

熱量	蛋白質	脂肪	醣類	膳食纖維	淨醣量
557.0kcal	32.8g	36.5g	28.1g	3.4g	24.7g

豆魚蛋肉類	非豆魚蛋肉類		非蔬菜醣量	蔬菜醣量	
26.9g	5.9g		22.2g	5.9g	

主食 小牛角麵包

材　料｜小牛角麵包 30 公克

配菜 1 炒滑蛋

材　料｜雞蛋 2 顆、油 1 茶匙

調味料｜鹽適量、白胡椒

作　法｜

1 雞蛋打散，加入適量鹽與白胡椒調味。

2 熱鍋倒入 1 茶匙油，倒入蛋液快速攪拌至八分熟。

配菜 2 煎火腿與德國香腸

材　料｜火腿肉片 2 片（約 40 公克）、德國香腸 1 條（約 40 公克）、
　　　　油 1 茶匙

作　法｜熱鍋倒入油，將蛋、香腸煎熟即可。

配菜 3 煎櫛瓜

材　料｜綠櫛瓜 30 公克、油 0.5 茶匙

調味料｜鹽適量、黑胡椒粒少許

作　法｜

1 將櫛瓜切成 0.5 公分左右備用。

2 熱油鍋，小火慢煎櫛瓜至微焦後翻面。

3 兩面都上色後，撒上鹽巴、黑胡椒粒即可。

配菜 4　川燙時蔬

材　　料│青花菜 50 公克、玉米筍 20 公克、油 0.5 茶匙

調味料│鹽適量

作　　法│

1 青花菜洗淨切小朵，玉米筍切小塊。

2 所有食材川燙熟後，撈起瀝乾，加入油、鹽拌勻即可。

配菜 5　生菜

材　　料│牛番茄 50 公克

作　　法│洗淨切成片狀。

飲　料

無糖義式咖啡 1 杯

西式餐點出現醣類的機率很高，點餐時多留意菜單內容的醣類、蔬菜、蛋白質的搭配，對超出的醣類，可以選擇淺嚐、分享或是打包。

Part 5

水果的食用方式

水果的**糖度**與**甜味**，
不能和**血糖**畫上等號

在六大類食物中，水果是單獨歸類，雖然碳水量、含糖量、膳食纖維、維生素等含量及種類，和全穀根莖不同，但一樣屬於含醣食物。

水果的重量包含水分，像是 100 公克木瓜含水分 89 公克，一份醣的重量比主食多。但水果碳水含量高時，一份醣的重量就會相對少，像榴槤是 50 公克，且含高比例的蔗糖，雖然可食一份醣重量和熟麵相近，但血糖上升會明顯高很多。

要掌握一份醣水果對血糖改變幅度，會比主食類更困難。首先，水果的碳水量參考值是採樣的平均值，而且大家一定有同一種水果「甜度」卻有所差異的經驗，因為品種、產地、氣候、熟度都會造成影響。

糖度指的是每 100 公克水溶解的蔗糖克數，一般鮮食的甘蔗是 20 度，製糖甘蔗 24 度，但這個數字並不是在實驗室做分析而得出的，也不是從營養成分的碳水或糖質總量計算而來的，而是透過折光式糖度儀，這個原理測量的是溶液的濃度，包括了糖、有機酸、礦物質、其它溶於水的物資，只是對照值。木瓜的糖度在 12 以上，和芒果一樣，比鳳梨低。

水果含有多種維生素，不同水果所含的維生素也不一樣，但不要為了補充維生素 C，吃到足量的水果。「視網醇當量」是用來表示維生素 A 的劑量單位，木瓜所含有的維生素 A、C 及葉酸，在水果類中算是較多的。

在我自己測試半份醣水果記錄中，血糖最高增幅超過 30mg/dL 的水果有：

水果	半份醣重量	血糖最高增幅（mg/dL）
軟柿	45 公克	31
蜜蘋果	50 公克	32
紅肉李	75 公克	33
鳳梨釋迦	29 公克	34
百香果	71 公克	36
枇杷	77 公克	40
木瓜	76 公克	40
蜜棗	66 公克	42
桑椹	108 公克	48
金鑽鳳梨	58 公克	50
西瓜	93 公克	56

木瓜 一份醣可食重量：150 公克，未處理 200 公克（廢棄率 24.9%）

熱量	醣類	蛋白質	脂肪	膳食纖維
54kcal	14.9g	0.9g	0.1g	2.1g

視網醇當量	葉酸	維生素C	鉀	鐵
99mcg	71.0mcg	87.5mg	279mg	0.5mg

木瓜所含有的維生素 A、C及葉酸，在水果類中算是較多的。半份醣重量約 76 公克。

水果該在
什麼時間吃？

進行水果測試時，為了避免其它含醣食物干擾，我會在早上 10 點開始，在吃完早餐後的三小時測試。我只選擇半份醣量測試，因為水果含糖，一份醣是取代正餐的醣量，一般來說，碳水只要 5 公克，就會影響血糖上升，因此只取半份醣做測試。

在實際指導患者運用時，我會建議如下：

1. 避免將水果挪到點心時間，反而是跟著正餐吃。一天最多兩次，一次半份醣量。

2. 對有控制血糖需要的人，要儘量避免含醣點心，才能有效控制每個正餐前的血糖恢復到較理想的起點，要記得水果是含醣食物。

3. 如果正餐一份醣主食再加上半份醣水果，只要留意高升糖水果需再略減量，通常仍可以維持餐後血糖在目標範圍。

4. 水果在餐後接著吃，會和正餐的其它食物一起消化吸收，和單獨在點心時間吃水果，前者的血糖增幅比較少。

巨峰葡萄 100 公克含碳水 16.6 公克，維生素的含量比木瓜少很多。我進行葡萄測試是在 2 月，此時的葡萄酸度較明顯，甜度並不是糖度最高的 4 ～ 6 月，半份醣 46 公克增幅是 21mg/dL。

其它水果測試結果介於 16 ～ 30mg/dL 間的有：

水果	半份醣重量	血糖最高增幅（mg/dL）
無花果	40 公克	17
聖女番茄	112 公克	20
茂谷柑	65 公克	21
葡萄	46 公克	21
奇異果	50 公克	24
草莓	81 公克	25
櫻桃	42 公克	25
藍莓	108 公克	27
蓮霧	85 公克	27
愛文芒果	68 公克	27
荔枝	45 公克	29

綠葡萄（金香葡萄）　一份醣可食重量：95 公克（廢棄率 0%）

熱量	醣類	蛋白質	脂肪	膳食纖維
56kcal	15.2g	0.6g	0.1g	0.5g

視網醇當量	葉酸	維生素C	鉀	鐵
1mcg	0mcg	3.9mg	195mg	0.4mg

巨峰葡萄　一份醣可食重量：90 公克，未處理 110 公克

熱量	醣類	蛋白質	脂肪	膳食纖維
57kcal	14.9g	0.5g	0.3g	0.2g

視網醇當量	葉酸	維生素C	鉀	鐵
1mcg	3.3mcg	2.0mg	110mg	0.1mg

享用半份醣的綜合水果

　　柿子的品種很多，甜柿和軟柿的醣量和營養素不同，軟柿一份醣的可食重量略少一些，但膳食纖維更豐富，軟柿較不容易分切及保存。

　　我的習慣是將每樣水果分成小分量，大多數能切片或塊的水果都分切，包括奇異果也是切片，切片大約是小指幅寬，切塊約拇指大；帶皮有果瓣的水果，例如橘子，剝皮後會先分瓣；整串的水果，例如葡萄就連著蒂頭分粒。

　　半份醣水果可食用重量差異很大，不秤重、用一般飯碗估量的話，西瓜和小番茄約半碗，其它的水果不超過 1/3 碗。切片、切塊、小粒的不同水果，可以搭配挑選，一起放入碗裡，目測量在半碗以下，是個替代秤重的簡易方式。

　　切片、條、小塊也是果乾的作法，柿餅基本上是果乾，但保留完整的水果大小，100 公克柿餅含淨醣 39.6 公克、13.2 公克葡萄糖、12.8 公克果糖，一份醣秤重約 38 公克。所有水果製成果乾，在脫水後，浮醣量會增加很多。隨著烘焙技術及設備的進步，不加糖的果乾產品愈來愈多。果乾100 公克的金鑽鳳梨含碳水 81 公克、愛文芒果 79 公克、火龍果 74 公克、杏桃 63 公克、無花果 53 公克，而加糖的果乾，碳水量都會超過 80 公克。果乾的營養素不如水果，不建議做為水果的替代，要視為糖果淺嚐即止。

甜柿 （平均值）一份醣可食重量：100 公克，未處理 120 公克（廢棄率 16.5%）

熱量	醣類	蛋白質	脂肪	膳食纖維
55kcal	15.2g	0.5g	0.2g	1.2g

視網醇當量	葉酸	維生素C	鉀	鐵
64mcg	0mcg	44.8mg	131mg	0.4mg

軟柿（四周柿） 一份醣可食重量：85 公克，未處理 90 公克（廢棄率 5.7%）

熱量	醣類	蛋白質	脂肪	膳食纖維
50kcal	15.0g	0.4g	0.1g	3.7g

視網醇當量	葉酸	維生素C	鉀	鐵
99mcg	0mcg	9.0mg	167mg	0.3mg

將每樣水果分成小分量，再放入碗裡，目測量在半碗以下，就能一次享用多樣化的半份醣水果。

香蕉和其它鉀含量
高的水果們

鉀、鈉是人體主要的電解質，前者主要在細胞內，後者在細胞外。榴槤、釋迦、蜜桃及水蜜桃、香蕉、奇異果、龍眼、香瓜及哈密瓜、加州李、火龍果、荔枝都是高含鉀食物。

就一般人而言，並無限制鉀攝取的必要，世界衛生組織的建議為 3500 毫克，台灣營養調查推估的攝取量是相對低的，男性近 3000 毫克、女性約 2500 毫克。足量攝取鉀的建議主要針對高血壓，因此才有市售的低鈉（高鉀）鹽，但鉀離子在蔬菜中含量很豐富，若由水果去增量攝取，反而會帶來醣量過多的問題。

當腎功能中重度不良時，為了預防鉀離子過高，須改為低鉀飲食，一天控制總量 1600 毫克以下。這時候維持一天兩次半份醣水果，即使高鉀水果，在交替不同水果選擇下，鉀離子仍可控制，不會過量攝取。

半份醣的北蕉是 35 公克，含皮的話約 48 公克，不到半根，我測試的血糖增幅是 15mg/dL，和芭樂一樣，屬於血糖上升較少的。芭蕉含醣量比北蕉少，100 公克淨醣量 30.3 公克，半份醣是 50 公克。香蕉常出現在馬拉松的補給站，一根的補充量有 1~1.5 份醣，也有足量的鉀離子，補充碳水是為了延續繼續運動的能量，對兼顧控糖需求者，每次補充量建議以一份醣為上限。

香蕉（北蕉） 一份醣可食重量 70 公克，未處理 110 公克（廢棄率 35.5%）

熱量	醣類	蛋白質	脂肪	膳食纖維
57kcal	15.5g	1.1g	0.1g	1.1g

視網醇當量	葉酸	維生素C	鉀	鐵
0mcg	11.0mcg	7.5mg	258mg	0.3mg

一根香蕉約有 1~1.5 份醣，控糖需求者，長時間運動的補充量，建議以一份醣為上限。

升糖少的水果們

坊間有一說，芭樂可以降血糖，通常指的是未熟的芭樂，或是芭樂葉，這些在動物實驗觀察到的血糖改變，在人體並無效，但至少芭樂的升糖指數是較低的沒錯。經過測試，介於 20mg/dL 以下的有：

水果	半份醣重量	血糖最高增幅（mg/dL）
檸檬汁	110 公克	2
紅心芭樂	70 公克	11
雪梨	68 公克	14
泰國芭樂	75 公克	16

一般會認為果糖升糖指數比一般的糖來得低（升糖指數 25），所以可以放心食用。事實上，水果中的醣來自不同糖中的組合，包括果糖，以及升糖指數高的葡萄糖（升糖指數 100）及蔗糖（升糖指數 65）。不同水果中的占比不盡相同，因此我們認為食用水果，還是應以淨醣量為主。

100 公克紅心芭樂的淨醣量是 6.8 公克，只比歸在蔬菜的紅蘿蔔淨醣多 1.0 公克。不同品種芭樂淨醣量相近，珍珠芭樂 6.9 公克，泰國芭樂 6.7 公克，土芭樂 5.0 公克是最少的。100 公克雪梨淨醣 10.0 公克。

升糖最少的檸檬汁，一份醣檸檬汁 220 公克、含鉀 270 毫克、維生素 C 89.8 毫克。檸檬常被誤以為有高維生素 C，大家將有酸度的水果和維生

素 C 含量畫上等號，其實不然。酸度是來自有機酸含量，例如檸檬酸、蘋果酸、琥珀酸、醋酸等。一份醣量芭樂有 206 毫克、小番茄 110 毫克、柚子 92 毫克、奇異果 90.1 毫克，這些不酸的水果，維生素 C 都比檸檬還多。

芭樂（平均值）　一份醣可食重量：150 公克，未處理 180 公克（廢棄率 16.8%）

熱量	醣類	蛋白質	脂肪	膳食纖維
50kcal	14.7g	1.1g	0.1g	5.0g

視網醇當量	葉酸	維生素C	鉀	鐵
0mcg	83.4mcg	206.8mg	219mg	0.3mg

大家會將有酸度的水果和維生素 C 含量畫上等號，以為檸檬是高維生素 C 水果，其實小番茄、柚子、芭樂這些不酸的水果，維生素 C 含量也很高。

真的有對糖尿病有益的水果嗎？

　　在一篇文章標題為「對糖尿病有益的八種水果」中，包括有奇異果、藍莓、櫻桃、桃子、杏桃、蘋果、橘子、西洋梨。文章提出的論點，所謂的「有益」，都是談維生素、纖維、鉀、熱量，但這些營養素也可由蔬菜提供，而且它們的熱量也會比未加油烹煮的蔬菜高，血糖上升的影響也更明顯。

　　「蔬」與「果」在營養素方面雖有不同，但擁有一樣的維生素也不少。例如，維生素 C 的每日最低建議量，在 13 歲以上為 100 毫克，但並不是只有水果才能提供，蔬菜的含量也很豐富，包括：香椿、糯米椒、各種顏色的甜椒（紅、橙、黃、紫、青）、青花菜、苦瓜、芥藍菜、豌豆、高麗菜、菠菜、小松菜等，蔬菜受熱的烹煮時間雖會影響維生素 C 保存量（5 分鐘約保留 9 成、15 分鐘 6.5 成、30 分鐘 4 成），但以低醣飲食搭配的蔬菜量，加上一天兩次半份醣水果，並不用擔心維生素 C 不足。

　　100 公克的奇異果含醣 15 公克，過去有針對二十位非糖尿病人的研究，得到的結論是血糖上升約等同於 6.6 公克葡萄糖。這是和葡萄糖做對比，不宜結論為影響血糖只有三分之一強。一份醣奇異果在我的測試中，半份醣奇異果，血糖在 30 分鐘達到最高增幅 24mg/dL。

金黃奇異果 一份醣可食重量：100 公克，未處理 120 公克（廢棄率 17.2%）

熱量	醣類	蛋白質	脂肪	膳食纖維
57kcal	15.0g	0.8g	0.3g	1.4g

視網醇當量	葉酸	維生素C	鉀	鐵
7mcg	0mcg	90.1mg	252mg	0.2mg

一天兩次半份醣水果，加上蔬菜，不用擔心維生素 C 攝取不足。

大小番茄，
都是可以**多吃**一點的食物

　　聖女小番茄的視網醇、纖維及鉀含量是豐富的。半份醣水果可以裝到半碗的種類並不多，小番茄是其中之一，我測試的血糖最高增幅是 20mg/dL。

　　水果番茄的種類很多，玉女、聖女、秀女、愛女、金瑩（黃）、金童（黃）、橙蜜香（橙）、水果、彩色等，這些小番茄的醣量差不多，100公克淨醣量約 5.4 公克。台灣蔬菜番茄也有很多種類，它們 100 公克的淨醣量：牛番茄 3.0、黑柿 4.6、桃太郎（礁溪）2.8。其它還有牛排、羅馬、牛心、黑珍珠、花皮球彩色、綠斑馬等品種。

　　從淨醣量比較中可以知道，大小番茄的差距並不是很大，小番茄的視網醇和維生素 C 含量比大番茄多，無論大及小番茄，都可以生吃或是入菜，小番茄算是常入菜的水果，例如梅汁番茄、醋漬、油封、油漬、烤、炒、煮等，但以維生素的角度，小番茄當水果吃，營養素可以攝取更多。

　　半份醣量的小番茄有 110 公克，但小番茄果乾就只有 11 公克。而番茄汁是用大番茄製作，100% 番茄汁，半份醣量約 234 毫升。

聖女小番茄 一份醣可食重量：220 公克，未處理 222 公克（廢棄率 0.7%）

熱量	醣類	蛋白質	脂肪	膳食纖維
68kcal	15.2g	2.4g	1.1g	3.3g

視網醇當量	葉酸	維生素C	鉀	鐵
1342mcg	0mcg	109.8mg	440mg	1.1mg

大小番茄的淨醣量差距很少，無論大及小番茄，都可以生吃或是入菜。

紅肉西瓜、黃肉西瓜，
哪個好？

　　紅肉西瓜與黃肉西瓜比較，兩者視網醇、葉酸、維生素 C、鉀的含量，紅肉略高於黃肉。西瓜甜，也反應在我的測試中，最高增幅 56mg/dL。

　　西瓜除了切片、塊外，榨汁也是常見。水果鮮榨或現吃在營養素上差異不大，半份醣不加糖的果汁，毫升數由少至多約為：

- 濃縮蘋果汁 17 ml（稀釋使用）
- 鮮榨蘋果汁 55 ml
- 芒果汁 61 ml
- 還原蘋果汁 62 ～ 68 ml
- 鮮榨鳳梨汁 66 ml
- 鮮榨柳橙汁 71 ml
- 還原柳橙汁 72 ml
- 鮮榨西瓜汁 88ml
- 檸檬汁 138 ml
- 椰子汁 153 ml

　　非鮮榨果汁，除了營養素含量減少外，更要注意添加糖，使醣量更高，影響血糖會更明顯。此外，蔬果汁也會加入水果，半份醣的蔬果汁毫升數範圍可以從 80 ～ 200，取決於水果添加的數量，一般會綜合不同水

果，例如香蕉、鳳梨、蘋果、百香果、西瓜、蘋果、奇異果等，這些水果可以合計重量估 50 公克以下，這樣的配方加上蔬菜後，總醣量較能控制在一份醣。

西瓜（平均值） 一份醣可食重量：190 公克，未處理 340 公克（廢棄率 43.7%）

熱量	醣類	蛋白質	脂肪	膳食纖維
61kcal	15.2g	1.5g	0.2g	0.6g

視網醇當量	葉酸	維生素C	鉀	鐵
131mcg	9.7mcg	12.9mg	230mg	0.4mg

非鮮榨果汁，常有添加的糖，儘量避免。自製蔬果汁，上限是半份醣水果。

吃柚子要注意的
用藥配合

　　每年到了中秋節前，就會看到柚子和藥物提醒事項的報導。柚子是季節性水果，存放期間可以拉長，因此在 9 ～ 11 月間，是大多家庭比較常吃的水果種類。柚子含膳食纖維、維生素 C、鉀離子。半份醣柚子 90 公克，視大小約 1.5 ～ 2 瓣，放入碗裡約 1/3。和柚子同家族的葡萄柚，半份醣也是 90 公克，大約是 1/3 到半顆的分量。

　　從品種來看，柚子和寬皮橘雜交即為橙，柚子和香櫞雜交為青檸，橙和青檸雜交為檸檬，柚子和橙雜交是葡萄柚，寬皮橘和橙雜交是橘柑。柑橘這個家族皆含有呋喃香豆素，其中柚子和葡萄柚含量較高，這個成分會不可逆地抑制小腸及肝臟中的代謝酵素 CYP450 3A4，某些降血壓、降血脂、抗心律不整、免疫抑制劑等藥物由該酵素代謝，可能導致藥物血中濃度升高之情形，而增加發生不良反應之機率，影響可長達數小時甚至兩三天，因此，更需注意攝取的數量及頻率。

　　對於吃多少重量的柚類水果，會引發藥物濃度改變的不良身體反應，並沒有明確的相關研究。柚類水果半份醣以內，兩次間隔三天以上，這樣的攝取量及頻率，安全疑慮應該可以相對降低。或是運用多種水果組合成半份醣總量，也能將每次攝取柚類的數量再降低。

文旦 一份醣可食重量：180 公克，未處理 310 公克（廢棄率 41.4%）

熱量	醣類	蛋白質	脂肪	膳食纖維
56kcal	15.1g	1.3g	0.2g	2.3g

視網醇當量	葉酸	維生素C	鉀	鐵
0mcg	0mcg	92.0mg	238mg	0.4mg

柚類水果半份醣以內，兩次間隔三天以上，這樣的攝取量及頻率，安全疑慮應該可以相對降低。

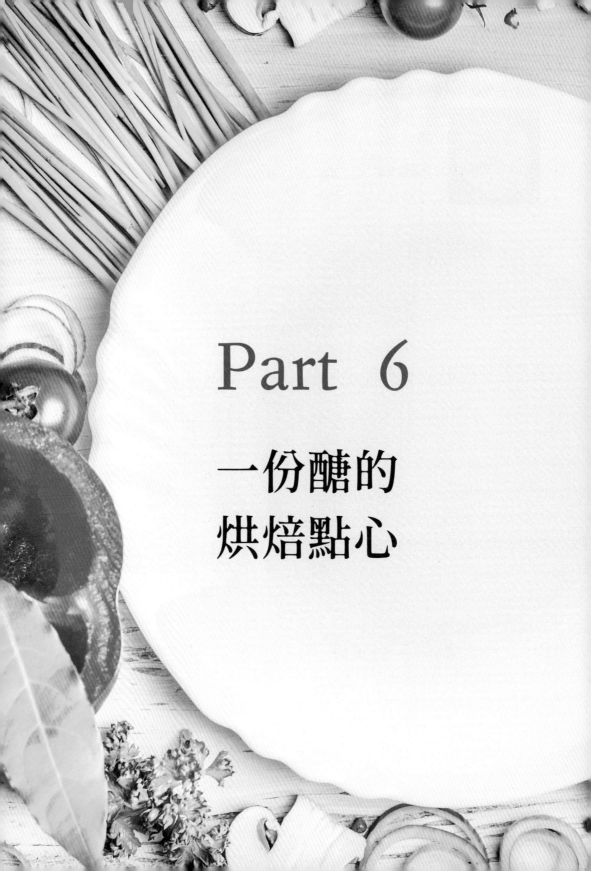

Part 6

一份醣的
烘焙點心

奶油小餐包

1 份醣為 1 顆，
每顆重量 32 公克

　　小餐包是很普遍的麵包，市售的小餐包種類很多，也有添加雜糧、全穀、起司、核桃、豆渣、葡萄乾、奶油等不同配料的產品，一顆的醣量約 1.5～2 份。在設計一份醣小餐包時，主廚的出發點就是希望讓它成為主食醣類，可以和餐盤的蛋白質、蔬菜、飲品一起搭配。畢竟無法將所有營養素食物，塞進餐包中。

　　奶油小餐包製作較為簡單，可以作為烘焙新手的入門練習。製作烘焙品，「秤」是不可或缺的工具，每一項備料都要先依據配方秤重。如果成品分量想調整，配方材料就會要跟著等比例改變，紙、筆、計算機都會派上用場。攪麵團是件費力的事，難怪麵包師傅的手都還蠻結實有力的，大家就把這個當作肌力訓練吧！不過當製作分量大時，還是需要運用攪拌機，會比較方便省力。

不同麵包的發酵時間不一，發酵時間和溫度、溼度有關。將麵團靜置的基本發酵約 60 分鐘，可發到兩倍大，撒點麵粉後手指戳進麵團 5 公分深再提起，凹洞緩慢回彈，表面留有戳口痕跡，就是發酵完成、可以進行烘焙的狀態；很快回彈，就是要再等久一點；沒有回彈，即為發酵過度。

基本發酵完成後，要分切成 11 塊，可用尺量加上秤重，讓每一個分切的小麵團重量相近，滾圓蓋上發酵布，進行中間發酵 15 分鐘。掀開蓋布後，再次滾圓，放在烤盤上，第三次發酵完成後，就可靜候烤箱出爐的成品。

即使沒有自己烘焙的打算，仍可以想像工作枱面上，有秤、尺、定時器。秤、計時是食物製備的量化步驟，食物入口後隨時間血糖變化狀況，也是同樣的原則，抓準醣量，就能得到預期血糖的反應結果。

材　料

A		B		C	
高筋麵粉	200g	無鹽奶油	25g	有鹽奶油	適量
乾酵母	3g			蛋黃液	適量
砂糖	25g				
鹽	3g				
溫水	100g				
奶粉	5g				
雞蛋	30g				

作　法

1　將 A 材料混合攪拌成團，且可擴展狀態。

2　再加入 B 材料的奶油，攪拌至有薄膜。

3　靜置，進行基本發酵大約 60 分鐘。

4　將麵糰分割 11 顆，每顆約重 32g，滾圓整形。

5　蓋上發酵布，進行中間發酵 15 分鐘。

6　再次滾圓後放到烤盤上，做最後發酵，靜置 40 ～ 50 分鐘。

7　烤箱上下火預熱 180 度。

　　TIPS 烤箱溫度約略不同，須注意自家烤箱溫度。

8　在麵團上塗抹蛋黃液，旁邊加上有鹽奶油可令麵包更香，放入烤箱烤
　　焙 12 ～ 15 分鐘。

　　TIPS 裝飾有鹽奶油勿過多，以免麵包底部過油。

營養標示

（成品共 11 顆，每顆重量 32 公克）

	每顆
熱量	93.4 大卡
蛋白質	2.8 公克
脂肪	2.4 公克
飽和脂肪	1.5 公克
反式脂肪	0.1 公克
碳水化合物	15.1 公克
糖	2.8 公克
纖維	0.0 公克
鈉	2.3 毫克
鈣	0.1 毫克

◆ 烘烤前、烘烤後。

瑪德蓮

1 份醣為 2 顆，
每顆重量 15 公克

　　法式甜點的種類很多，其中一個成品較接近一份醣的有瑪德蓮、費南雪、可麗露、馬卡龍、小泡芙、烤布蕾、蝴蝶酥等，依成品的大小醣量略有不同。這些甜點中，如果讓我挑選三種的話，我會選可麗露、瑪德蓮、馬卡龍，它們的外觀近似一般的基本款甜點。可麗露及瑪德蓮可以分切或是手剝，小口品嚐。自己喜歡的食物，細嚼慢嚥，感受前、中、後味，低醣控醣，更懂得甜點的賞味。

　　這個瑪德蓮的配方，在材料中放了 70 公克的糖及 20 公克蜂蜜，但相對的麵粉量較少，利用小烤模做出較迷你的成品，一個約 7.4 公克碳水，2 個為一份醣。按步驟混合好的麵糊要冷藏鬆弛 6 ～ 10 小時，之後才能送進烤箱，所以如果晚餐時段想吃到出爐成品，至少下午就要開始前置備料了。

蜂蜜 100 公克含糖 61.5 公克，其中果糖 33.4 公克，葡萄糖 26.7 公克。果糖的代謝主要在肝臟，約一半轉化為葡萄糖、各 1/4 轉化為乳酸及三酸甘油酯。各種糖在升糖指數由少到多依序為：果糖 25、乳糖 46、蜂蜜 50、楓糖 54、蔗糖 65、椰棕糖 70、玉米糖漿 90、葡萄糖 100。雖然蜂蜜含果糖，但葡萄糖也不少，因此有人誤以為蜂蜜不會升高血糖。二〇二〇年我們有兩位血糖代謝正常的同仁，測試了 20 公克一份醣的蜂蜜，分別在 30 及 45 分鐘，達到最高增幅 27 及 46mg/dL。

材　料

全蛋	2 顆	低筋麵粉	90g	無鹽奶油	100g
細砂糖	70g	泡打粉	3g	蜂蜜	20g

模　具 9 連貝殼矽膠 SF032

作　法

1 隔水加熱將奶油融化備用，但勿將奶油煮至滾。

2 全蛋加砂糖攪拌均勻至糖溶解。

3 加入過篩的低筋麵粉與泡打粉至步驟 2 的蛋液中，攪拌均勻至無粉粒，呈現滑順狀。

4 將步驟 1 融化的奶油液分三次加入麵糊中拌至光滑。

5 最後加上蜂蜜,攪拌均均成濃稠滑順的麵糊,蓋上保鮮膜,冷藏鬆弛 6 ～ 10 小時。

6 預熱烤箱,上火 190 度、下火 200 度。

7 將麵糊放置擠花袋中,擠入烤模約 8 分滿,烘烤約 15 分鐘至表面金 黃即可出爐。

TIPS 可選用不沾烤模,較好脫模。

營養標示	
(成品共 19 顆,每顆重量 15 公克)	
	每顆
熱量	81.6 大卡
蛋白質	1.1 公克
脂肪	5.3 公克
飽和脂肪	3.7 公克
反式脂肪	0.1 公克
碳水化合物	7.4 公克
糖	4.9 公克
纖維	0.0 公克
鈉	22.5 毫克
鈣	0.2 毫克

◆ 小巧瑪德蓮,2 個為 1 份醣。

紅豆沙蛋黃酥

1 份醣為 1 顆，
每顆重量 33 公克

二〇一八年的中秋節前，我首次從食材開始計算中秋月餅的營養標示，和思維廚房（已歇業）討論減醣月餅，目標配方是兩份醣。從過程中了解到，營養和食物有著不同的角度。天然或是加工食材有營養素，但菜餡或烘焙糕點也有配方，需兼顧美味及成品要求，並不只是按傳統配方比率調整即可。從營養素的觀點可以設計食物，就像書中以餐盤方式呈現，但有侷限性。更多時候，我們需要組合、分切食物，來達到營養素的要求。烘焙的材料，例如綠豆沙、烏豆沙、棗泥、芋泥、肉鬆、鴨蛋黃、奶油、麵粉等，從原料端就不同。依成品大小選擇的模具不同，有時只好屈就於模具。餅皮和內餡的比例雖然可調整，但皮薄餡多，可不一定做得出成品。

二〇一九年九月，我們的「糖管理學苑」臉書公開了佳惠主廚研發的一份醣紅豆沙蛋黃酥，之後連續兩年，我們無償將這個配方提供給位於員山榮民醫院的庇護工場「愛工坊」，支持「低醣月餅」的愛心活動。

在總醣量控制的前提下，35 個成品總共只在餅皮加了 15 公克糖粉，主要目的是增添口感及上色，平均一顆不到 0.5 公克的糖粉，因此不用刻意捨去，最主要的添加糖來源其實是紅豆泥。鹹蛋黃只放得進去半顆量，但並不影響口感。如果要放入整顆蛋黃，內餡豆泥及外面餅皮材料需使用更多，醣量會增加至兩份。每年中秋節前，我都會重覆提醒，切、切、切，市售的月餅一顆通常有四份醣，甚至更多。我的做法，除了切好分食外，也會把多出來的分量，放進冷凍庫，再分次取出賞味。

材　料

A　油皮		B　油酥		D　外觀裝飾	
高筋麵粉	75g	低筋麵粉	150g	黑芝麻	適量
低筋麵粉	75g	無鹽奶油	75g	蛋黃液	2 個
冰水	60ml				
糖粉	15g	**C　內餡材料**			
無鹽奶油	55g	紅豆泥	520g		
		鹹蛋黃	17.5 顆		

作 法 |

1 鹹蛋黃浸泡米酒（材料分量外）10 分鐘，用 150 度烤 10 分鐘左右，放涼備用。

2 將 C 內餡材料的紅豆泥分切成 14.8g 一個，再包覆半顆鹹蛋黃，整成小球。

3 製作油皮。將 A 材料的軟化奶油加入糖粉切拌均勻。

4 再加入過篩的高筋麵粉、低筋麵粉和冰水混合均勻。

5 搓揉至光滑均勻成團，用保鮮膜包起來鬆弛 20 分鐘左右。

6 製作油酥。將 B 材料的軟化奶油加入過篩的低筋麵粉，用手抓揉至無顆粒狀，揉成團即可（勿過度搓揉，以免出筋），包好，冷藏備用。

7 準備整形。將步驟 5 的油皮與步驟 6 的油酥分成 35 顆，油皮一個 8 克，油酥一個 6 克。

8 用掌心將油皮壓成扁平狀，包入油酥，滾圓，收口捏緊朝上，蓋上保鮮膜準備整形。

9 收口朝上，手掌壓一下，再用擀麵棍擀成牛舌餅狀，光滑面朝下，由上往下捲起來（呈現像「一」的形狀）。

10 調個頭呈現像數字 1，再用擀麵棍由麵團中間輕輕的往上、往下擀開。

11 擀開後，再由上往下輕輕的捲下來。

12 全部完成後，蓋上保鮮膜，鬆弛 10 分鐘左右。

13 麵團螺旋狀為左右邊，用大拇指從中壓下，兩端螺旋狀往中間折起，再將麵團壓扁、壓平。

14 用擀麵棍擀成小圓，光滑面朝下，放上內餡，將麵團捏成小圓，收口捏緊朝下。

15 將蛋液以繞圓方式塗抹麵團上（刷上 2 次），撒上黑芝麻點綴，放入烤箱。

16 烤溫下上火預熱至 170 度，烘烤 25 ～ 30 分鐘，烤至金黃即可。

　　TIPS 各家烤箱烤溫不同，需隨時注意上色狀況。

　　TIPS 烤約 10 分鐘可先取出，再用刷子繞圓刷一次，再入烤箱烘烤。

◆ 烘焙前與烘焙後。

營養標示	
（成品共 35 顆，每顆重量 33 公克）	
	每顆
熱量	109.1 大卡
蛋白質	1.9 公克
脂肪	4.6 公克
飽和脂肪	2.9 公克
反式脂肪	0.1 公克
碳水化合物	15.0 公克
糖	6.4 公克
纖維	0.0 公克
鈉	30.3 毫克
鈣	2.0 毫克

鳳梨酥

1 份醣約 2 顆，每顆重量 22 公克

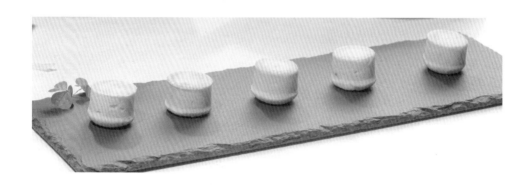

　　回想一下自己吃過最小顆的鳳梨酥有多大？我吃過最小的鳳梨酥是立方形，一顆碳水約 5 公克。大部分市售的鳳梨酥約 2 份醣。佳惠主廚研發的迷你版則是一顆半份醣。除了糖粉外，添加糖也來自鳳梨餡。麵團冷藏靜置時間只要半小時，從備料到成品的時間算快的。

　　各種鳳梨的風味及營養成分不同，每 100 公克的牛奶鳳梨 14.7 公克、甘蔗鳳梨 13.7 公克、金鑽 12.1、甜蜜蜜 9.7。我在二〇二〇年測試過半份醣的金鑽鳳梨，30 分鐘血糖達到最高峰，增加了 40mg /dL。鳳梨餡材料選用低糖土鳳梨，每 100 公克含碳水 50 公克，非低糖的材料餡含碳水 75 公克，餡料也可以自己調配，但添加糖仍少不了。這個版本一顆內餡 10 公克，餅皮 13 公克，材料綜合了麵粉、奶油、奶粉、蛋、糖粉。這個配方兼具口感，也代表了不一定要使用代糖才能降低碳水量。

當麵團需要發酵步驟，使用天然糖是最好的。鳳梨酥的餅皮並不需要發酵，如果將糖粉改成目前常用於烘焙的赤藻醣醇，這是天然代糖，它的甜度是蔗糖的 70%，這樣的調整，每一顆成品的碳水會再減少 1.5 公克。或是使用麥芽糖醇，它的甜度是蔗糖的 80%，口感也接近，1 公克 2 大卡，是葡萄糖的一半。要提醒的是，糖醇類和其它人工代糖一樣，都有建議的上限，並不是血糖影響少，就可以多吃。

材　料

糖粉	70g	低筋麵粉	300g	市售鳳梨餡	460g
奶粉	30g	鹽	1～2g		
雞蛋	1 顆	無鹽奶油	150g		

模　具　SN3709

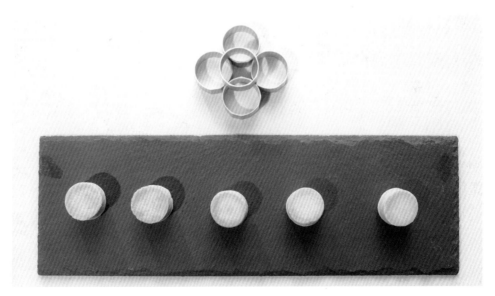

◆ 直徑不到 4 公分的迷你鳳梨酥。

作 法

1 將蛋液打散、奶油於室溫軟化。

2 低筋麵粉、奶粉和鹽巴混合均勻，過篩備用。

3 將糖粉與軟化的奶油混合均勻，打至蓬鬆，再慢慢加入蛋液拌均，接著加入過篩的粉類拌至光滑麵團（勿過度搓揉出筋）。

4 將麵團包好放置冰箱冷藏 30 分鐘左右（較好操作）。

5 秤重鳳梨餡（每個 10 克），分割麵團（13 克），共 46 顆。

6 將麵團擀成小圓，包入鳳梨餡，收口朝下，滾圓。

7 包好的鳳梨酥壓入模型內，用手掌壓緊壓平。

8 烤溫下上火預熱至 150 度，烘烤時間約 30 分鐘。

　TIPS 各家烤箱烤溫不同，需隨時注意上色狀況。

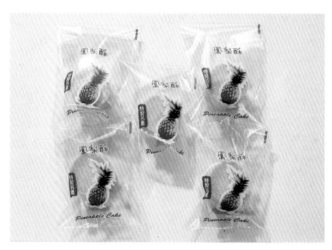

◆ 包裝後相當可愛，作為送禮也很適合。

營養標示

（成品共 46 顆，每顆重量 22 公克）

	每顆
熱量	67.6 大卡
蛋白質	1.0 公克
脂肪	3.8 公克
飽和脂肪	2.7 公克
反式脂肪	0.1 公克
碳水化合物	7.6 公克
糖	3.5 公克
纖維	0.0 公克
鈉	31.7 毫克
鈣	2.0 毫克

黑糖葡萄乾燕麥餅乾

1 份醣約 1 片，
每片重量 26 公克

　　光是「黑糖葡萄乾燕麥餅乾」這個名稱，就可以想像其甜味，製作程序簡單，是不易失敗的入門品項。此配方可做出 85 片成品，數量是滿多的，如要減量，可以自己算好配方比例調整。手工餅乾製作完成後，要注意密封防潮，保存期限約 14 天，放於冰凍庫可延長到 6 個月。

　　白（方）糖、冰糖、紅砂糖都是 100% 碳水化合物的糖，再製黑砂糖是 94%。古法手工黑糖（紅糖、糖蜜）是 72%，除了蔗糖外，含少量果糖及葡萄糖。白糖及冰糖不含礦物質，其餘有少量鈉、鉀、鈣、鎂。烘焙會依配方選用砂糖、糖粉、黑糖、上白糖、三溫糖、和三盆糖、楓糖漿、蜂蜜等，去帶出不同「甜」味、香氣、上色、口感，這些糖在配方選用上，並沒有營養素的考量，也沒有所謂的「健康的糖」。

葡萄乾是含糖量最高的天然果乾之一，每 100 公克淨醣 73 公克。無加糖的芒果及鳳梨，碳水也和葡萄乾相近。其它的加糖果乾，除了檸檬及芭樂外，碳水大多超過 75 公克。

堅果常出現在烘焙糕點中，主要的營養素是脂肪，佔了 45 ～ 75 公克，蛋白質佔 10 ～ 27 公克。100 公克的堅果及種子淨醣量克數：腰果 26.7、南瓜子 13.4、葵花子 11.0、杏仁果 10.5、胡桃 7.0、榛果 7.0、夏威夷果 6.6、開心果 6.4、核桃 5.8、松子 5.0。飲食建議中的一天一把堅果，約 25 公克，熱量 140 ～ 180 大卡。在這個配方中，一片餅乾中的核桃為 2.8 公克，提供 1.9 公克脂肪。一片餅乾的總熱量 135 大卡，接近一塊杏仁瓦片（碳水 12 公克、脂肪 9.2 公克、蛋白質 4.8 公克）。

材 料

無鹽奶油	480g	燕麥	450g	葡萄乾	240g
黑糖	450g	低筋麵粉	450g	生核桃	240g
全蛋	120g	小蘇打粉	6g		

作 法

1 生核桃放入烤箱，以 150 度烘焙 10 分鐘備用。

2 無鹽奶油切片放於室溫，待軟化後加入黑糖攪拌融合。

3 混合好的奶油加入蛋液，慢慢分次加入，攪拌均勻。

4 低筋麵粉與小蘇打粉過篩後，一同加入奶油中攪拌混合。

5 之後再加入燕麥、核桃、葡萄乾一同拌均。

6 總麵團分割成一個 28 公克，共 85 個，並用掌心稍微壓扁（不要壓太平喔）。

7 烤溫下上火預熱至 180 度，烤焙約 15 ～ 20 分鐘，即可出爐。

營養標示

（成品共 85 片，生重 28g，熟重約 26g）

	每顆
熱量	134.8 大卡
蛋白質	1.8 公克
脂肪	7.4 公克
飽和脂肪	3.7 公克
反式脂肪	0.1 公克
碳水化合物	15.1 公克
糖	7.1 公克
纖維	0.5 公克
鈉	3.7 毫克
鈣	1.3 毫克

◆ 烘烤前、烘烤後。

檸檬乳酪球

1 份醣約 5 顆，
每顆重量 16.5 公克

　　赤藻糖醇口感上略帶清涼，很適合運用在檸檬乳酪球，還可讓碳水量更低，成品一個才 3.0 公克。一份醣約五個，總計蛋白質有 8 克，脂肪約 23.5 公克，熱量 304.5 大卡，以烘焙甜點而言，蛋白質算是多的。

　　玉米粉 100 公克，含碳水 88 公克，雖然也可用來勾芡，但大多使用在烘焙上，因為吸水性強，可以增加鬆軟的口感。所有的料理用粉每 100 公克碳水含量都比米（小於 78 公克）、麵（小於 79 公克）高，蓮藕粉 88 公克、樹薯粉 87 公克、蕃薯粉 86 公克，太白粉 84 公克，葛粉 82 公克、糯米粉 82 公克。一份淨醣的多穀粉約 22 公克，直接沖泡很方便，可增加膳食纖維攝取，但糖量比率並不低。多穀粉加燕麥片，等於碳水再加碳水，要留意計算醣量。

這個乳酪球配方用了奶油及奶油乳酪，奶油主要營養成分是脂肪，100 公克含脂肪 83 公克，奶油乳酪則綜合了三種巨量營養素，每 100 公克含蛋白質 7 ～ 10 公克、脂肪 30 ～ 34 公克、碳水 2.4 ～ 5.5 公克，碳水及脂肪量比其它乳酪類相對多一點，蛋白質含量算少的。帕瑪森乳酪的蛋白質及含鈣量最高，每 100 公克含 36 公克蛋白質。卡門伯（Carmembert）及布利（Brie）是軟質乳酪，碳水低至可忽略不計，蛋白質 20 克，脂肪 25 公克。藍紋乳酪的碳水是 1 公克、蛋白質 17 ～ 20 克、脂肪 30 ～ 33 公克。莫札瑞拉（Mozzarella）的碳水和奶油乳酪相近、蛋白質 20 克、脂肪 20 公克，是熱量相對低的天然乳酪。

材　料│

A　餅乾底		B　檸檬奶油乳酪內餡	
無鹽奶油	80g	奶油乳酪	430g
赤藻醣醇	10g	赤藻醣醇	50g
鹽	1g	玉米粉	30g
全蛋液	25g	全蛋	2 顆
玉米粉	10g	檸檬汁	90g
低筋麵粉	100g		

模　型│ 12 連杯圓型蛋糕模 (413NCD4S/DSC0070)

作　法

1. 製作餅乾底。A 材料的無鹽奶油、赤藻醣醇、鹽攪拌均勻，再加入蛋液拌勻。

2. 接著加入過篩後的低筋麵粉和玉米粉，用刮刀壓拌成團，餅乾底完成。

   TIPS 麵團較濕軟，冰過會較好操作。

3. 將步驟 2 的餅乾底麵團，分成一個 5 克放置於模型內，放入預熱好的烤箱，以上火 190、下火 130 度烘烤 13 分鐘。

4. B 材料的奶油乳酪隔水加熱，軟化後加入赤藻醣醇，再分次加入雞蛋液，最後倒入檸檬汁、和過篩的玉米粉。

5. 將乳酪擠入餅乾模型內，放入烘箱以上下火 180 度烤 15 分鐘，再用 100 度烤 10 ～ 15 分鐘（表面上色即可）。

   TIPS 記得趁熱脫模，較不易沾黏

   TIPS 每顆重量會因為乳酪多寡有誤差，但醣量不會差太多喔！

   TIPS 出爐後表面撒上檸檬皮會更香喔！

營養標示

（成品共 44 顆，每顆重量約略 16.5g）

	每顆
熱量	60.9 大卡
蛋白質	1.6 公克
脂肪	4.7 公克
飽和脂肪	2.9 公克
反式脂肪	0.1 公克
碳水化合物	3.0 公克
糖	0.2 公克
纖維	0.0 公克
鈉	25.3 毫克
鈣	0.2 毫克

蔥油餅

1 份醣約 1 片，
每顆重量 35 公克

蔥油餅是美味、方便的早餐，這道食譜很適合沒有學習過西式烘焙的人。一次成品的分量可以自己按比例調整，建議可以一次完成 20 片，或將材料減半做 10 片，每一片用塑膠袋分裝，放在冷凍保存，想吃時隨時取用，相當方便。

蔥油餅回熱的速度很快，我的方式是不退冰，直接放進煎鍋蓋上鍋蓋以小火加熱，待麵體熟透後再翻面，這時第一面已經微焦，翻面後一樣加蓋，很快就可以起鍋。使用不沾鍋可以完全不用加油，其它鍋具可以用油刷，較能控制油量。

蔥油餅加蛋是最基本的味道變化，只要先備料，打好蛋，先將蛋餅起鍋，不用熄火，視鍋具及油量，可不加或是再刷一下油，將蛋液置入鍋內，把蛋餅放在蛋液上，蛋熟即完成。一份醣的蛋餅比較小塊，兩顆蛋液

可將蛋皮反折，就是蛋包蛋餅。想加些蔬菜的話，也可以先切丁或切絲，先燙熟放涼，在加蛋之前，和蛋液一起拌勻後，再放入鍋中。添加蛋白質的另一個選擇是起司片，一片全脂起司片約 60 大卡、3.5 公克蛋白質、5.0 公克油脂，低脂約 48 大卡、4.3 公克蛋白質、3.0 公克油脂。

自備早餐是執行減醣飲食重要的歷程，提早一些時間起床，利用空檔時間先備料，就能享用一份不匆忙的營養早餐。早餐是夜間肝醣釋放，外加生理荷爾蒙拉高血糖的延伸時段，很容易造成餐後高血糖。自己下廚準備居家早餐，無論自行製備、成品分切、半成品加料，都比外食更容易控醣，也能培養自己對食物的認識及樂趣。

材　料

中筋麵粉　　400g	鹽巴　　　　0.5g	植物油　　　　8g
水　　　　280g	（一個麵皮）	（煎蔥油餅用油）
三星蔥　5〜6 支	植物油　　　　3g	
	（揉一個麵皮用油）	

作　法

1 中筋麵粉與水混合成團，成團後蓋上濕布醒麵 20 分鐘。

　TIPS 此麵團很濕，揉的時候切勿多加粉，以免影響口感。

　TIPS 揉好的麵團扣掉損耗，重量大約有 660 克左右。

2 切蔥花備用。

3 將步驟 1 的麵團分割 1 個 33 克，共 20 個。

4 將分割好的麵團擀平，加 0.5 克的鹽再擀一下，並淋油揉和並擀平（整個麵團表面都要有油）。

5 將蔥花平均鋪在麵團上，從底部往前推擀成長條狀，將左右兩側用手按壓著，接著開始轉（像擰毛巾一樣），再將它繞圈盤起來。

6 再鬆弛 20 ～ 30 分鐘。

7 煎的時候倒一點油壓平，厚薄度看個人口感調整（需熱鍋再煎）。

營養標示

（未計算煎蔥油餅油量）
（成品共 20 片，每片重量約 35g）

	每片
熱量	182.1 大卡
蛋白質	2.4 公克
脂肪	11.7 公克
飽和脂肪	1.7 公克
反式脂肪	0.0 公克
碳水化合物	14.6 公克
糖	0.0 公克
纖維	0.0 公克
鈉	0.2 毫克
鈣	0.0 毫克

除了飲食，也試著加入運動吧！

　　回憶起來，我從上幼稚園起，就知道自己的右腿跟別人長得「不一樣」，為了和弟妹及同伴一起玩樂，跌跤、扭傷是家常便飯，即使如此，我小學和中學時都是步行往返學校，體育課也從沒缺席過，高中軍訓課踢正步操照樣參加，老師們看著小兒麻痺的我，總會給及格以上的分數，只有一次為了投籃球補考。

　　體重在剛上大學時是 52 公斤，之後的生活，基本上因為沒有固定的體育課，只剩下戶外型的休閒活動，體重在畢業時，已逼近 60 公斤。進入職場後，買過跑步機、學過高爾夫球、上過瑜伽課，一九九〇至二〇一六年間體重最高來到 78 公斤（我身高 163cm），期間也試著減重，戒了宵夜，但就和許多人的經驗一樣，減重後又會復胖，一次比一次更難減，直到同步啟動飲食及運動調整。

不讓身體限制，成為不運動的藉口

　　不只是小兒麻痺讓我的運動受到了限制，38 歲時因眼睛虹彩炎發作，進一步檢查診斷出僵直性脊椎炎，肌膜症候群也困擾了兩年，52 歲頸椎椎間盤突出，53 歲膝關節炎進行自體血小板增生治療……。這些接踵而來的身體不適，並沒有阻礙我從二〇一六年起，漸進培養出對運動的學習和喜愛，融入日常生活中。

少坐多站，能走就走，是我的基本活動量。避免久坐對代謝與健康有益已經確立，也是醫學上對增加身體活動量、避免靜態生活的基本建議。我平均一週有三十二小時得坐著工作，這還不包括用餐的時間，我相信這也是大部分人的情況，職場工作的情境各有不同，每小時甚至更短的時間離開座位，無論離席喝水、上洗手間，都是中斷久坐的方法。

離開工作場域，我就力行能站就不坐下，只要不趕時間，在行程、外出時，半小時腳程能到達，儘量用走路，超過一小時，也會衡量時間，加入當天的運動規劃。上樓梯是肌力及有氧的雙重訓練，下樓梯則需放慢腳步，才是安全及降低膝關節衝擊的方法，無論上下樓梯我都會輕握扶手，做好防護。

打破靜態生活，先從多走路開始

想要運動，可以從走路開始，這是適合每一個人的方式，特別是體重過重及欠缺運動的人。「日行萬步，健康保固」，這句大家耳熟能詳的話，可以作為打破靜態生活的首要目標，但這對要達到體重及血糖持續下降，甚至是防止復胖或糖化血色素回升，以長期來看，對大多數的人是不夠的。無論走路或是其他運動，建議以兩週的間隔，儘量讓身體活動量再多一些，包括：每週天數、每次時間、心肺負荷、肌力負重或組數、訓練項目，這在開始運動計劃的第一年是重要的，腦部下視丘的自我調節，基本上是阻擋熱量負平衡，防止體重減少。

透過飲食與運動減重，低醣加上些許的熱量調整，已經減少了醣類營養素及熱量攝取，這部分只要是堅持醣量控制的飲食調整，並不需要一直調降。如果不調整增量的運動習慣，身體會因熟悉習慣性活動與下視丘調整，熱量消耗會逐漸遞減，因此，要有運動員的精神，未達體重或血糖改善目標前，需有毅力地不斷突破自己的運動成績單。

飲食＋運動，血糖代謝的改善效果更好

每個人的運動喜好不同，以運動對人體的機能來說，可區分為肌力、有氧、平衡、伸展四個項目。其中以有氧運動對心肺功能、減重、改善血糖代謝的效果最好，但別誤會只做有氧運動即可。多樣化的運動訓練組合，可以為身體帶來不同的好處，而且不容易厭倦。況且，肌力訓練、平衡及伸展運動，都是增加有氧運動的必要基礎訓練。

我一週至少運動五天，因為小兒麻痺的關係，跑步容易受傷，所以沒有選擇跑步。過去是用滑步機（橢圓機）做有氧訓練。在院內我們有做運動時的血糖觀察，對於降血糖來說，餐後運動比較可以看到血糖下降；對照有氧跟肌力訓練，單位時間內有氧運動降得比較多。根據這個觀察結果，我調降了肌力訓練時間，只維持一週兩次，放緩重量增加的目標；相對地，做更多高強度間歇訓練，包括利用啞鈴做速度快的自由重量訓練，等於是拿著重量做高強度運動，同步增強了心肺訓練。

我自己的糖化血色素一直在 5.7% 左右徘徊，但飲食已經維持一份醣了，所以也面臨瓶頸，但經過一年的高強度間歇運動，體脂肪又下降了一些，糖化血色素降至 5.5%。期間最大的改變，就是運動方式改採高強度間歇訓練。大家可自行上網搜尋「HIIT」，網路上有許多免費資源，適合本身已有基本運動習慣的人。

◆ 我一週至少運動五天,包括肌力訓練、心肺有氧等。

不論幾歲,開始運動不嫌遲

運動是一件很愉快的事,從被動到主動,是需要學習的。不管是跑步班或是肌力課程,經過指導老師協助基礎動作訓練與提醒,肢體動作會變成更靈敏的慣性,例如拿重物的時候會先蹲下來再抱起來,腰部就不易受傷。以前因為小兒麻痺的關係,腳經常扭傷,但是開始做深蹲與肌力訓練之後,就再也沒有扭傷過了,因為出力的方式經過反覆訓練,神經支配迅速啟動我的臀肌,跨出去的每一步,腳都確實抬起來。所以我會建議大家若是完全沒有運動基礎,跟著教練課做一點自主重量訓練,從訓練裡面不斷地去增加自己的活動力,參與各種型態的活動,會蠻有幫助的。

健康是靠經營飲食與運動而來的,愈早開始愈好,但如果您和我一樣,在忙碌的工作中,因少動及體重上升,而面臨血糖、血壓、肥胖的問題,不論此刻是幾歲,開始改變,永不嫌遲。

HealthTree 健康樹 171

游能俊醫師的 133 低醣瘦身餐盤

作　　　者	游能俊
協 力 團 隊	中西餐食譜設計 / 周玉琴
	營養成分分析與計算 / 邱奕映
	烘焙料理設計 / 鄭佳惠
文 字 協 力	李怡慧
攝　　　影	駱宏威
封 面 設 計	張天薪
版 型 設 計	theBAND・變設計— Ada
行 銷 企 劃	黃安汝
出版一總編輯	紀欣怡

出 版 發 行	采實文化事業股份有限公司
業 務 發 行	張世明・林踏欣・林坤蓉・王貞玉
國 際 版 權	鄒欣穎・施維真・王盈潔
印 務 採 購	曾玉霞
會 計 行 政	李韶婉・許俽瑀・張婕莛
法 律 顧 問	第一國際法律事務所　余淑杏律師
電 子 信 箱	acme@acmebook.com.tw
采 實 官 網	http://www.acmebook.com.tw
采 實 臉 書	http://www.facebook.com/acmebook01

Ｉ Ｓ Ｂ Ｎ	978-986-507-889-8
定　　　價	450 元
初 版 一 刷	2022 年 7 月
初 版 九 刷	2023 年 11 月
劃 撥 帳 號	50148859
劃 撥 戶 名	采實文化事業股份有限公司
	104 台北市中山區南京東路二段 95 號 9 樓
	電話：(02)2511-9798
	傳真：(02)2571-3298

國家圖書館出版品預行編目資料

游能俊醫師的 133 低醣瘦身餐盤
/ 游能俊著 . -- 初版 . -- 臺北市：
采實文化事業股份有限公司 , 2022.07
　240 面；17X23　公分 .
　-- (健康樹；171)
ISBN 978-986-507-889-8(平裝)

1.CST: 食譜 2.CST: 健康飲食

427.1　　　　　　　　　　111008095

快速掌握一份醣 ①
米麥類

「133 低醣餐盤」每餐吃一份醣＝ 15 公克碳水化合物，

只要使用家中碗（240cc）、免洗湯匙、量杯，即可掌握分量

解答：白飯 1/4 碗、煮熟拉麵三分滿碗、薄吐司 1 片、蘇打餅乾 3 片。

米類的一份醣分量

食物名稱	一份醣分量	食物名稱	一份醣分量
五穀粉	2 匙免洗湯匙	白飯	40g ＝ 1/4 碗
紅白小湯圓	30g ＝ 2 匙免洗湯匙	蘿蔔糕	50g ＝約 6x8x1.5 公分
白年糕	30g ＝ 2 匙免洗湯匙	芋頭糕	60g ＝約 6x8x2 公分
豬血糕	35g	粥（稠）	125g ＝半碗

麥類的一份醣分量

食物名稱	一份醣分量	食物名稱	一份醣分量
燕麥片	20g ＝ 3 匙免洗湯匙	餛飩皮	30g ＝ 3 ～ 7 張
麥粉	20g ＝ 4 匙免洗湯匙	餐包	30g ＝ 1 個（小）
蘇打餅乾	20g ＝約 3 片	吐司（薄）	30g ＝約 1 片（10x10x1 公分）
燒餅	20g ＝約 1/4 個	冷凍饅頭	30g ＝約 1/3
通米粉（乾）	20g ＝熟的八分滿碗	油麵	45g ＝三分滿碗
拉麵（生）	25g ＝熟的三分滿碗	麵條	60g ＝半碗
麵線（乾）	25g ＝熟的八分滿碗	鍋燒麵（熟）	60g ＝半碗
餃子皮	30g ＝約三張		

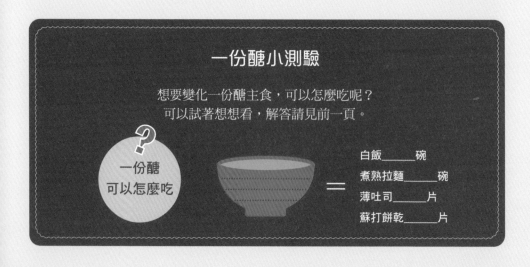

一份醣小測驗

想要變化一份醣主食，可以怎麼吃呢？
可以試著想想看，解答請見前一頁。

一份醣
可以怎麼吃

白飯＿＿＿＿碗
煮熟拉麵＿＿＿＿碗
薄吐司＿＿＿＿片
蘇打餅乾＿＿＿＿片

附錄二

快速掌握一份醣 ②
根莖雜糧類&乳品類

「133 低醣餐盤」每餐吃一份醣＝ 15 公克碳水化合物，

只要使用家中碗（240cc）、免洗湯匙、量杯，即可掌握分量。

根莖雜糧類的一份醣分量

食物名稱	一份醣分量	食物名稱	一份醣分量
薏仁	20g＝1.5 匙免洗湯匙	菱角	60g＝8 粒
栗子（乾）	20g＝3 粒（大）	山藥	80g＝半碗
蓮子（乾）	25g＝40 粒	南瓜	85g＝半碗
地瓜	55g＝1/2 個（小）	玉米或玉米粒	85g＝2/3 根
芋頭	55g＝半碗	馬鈴薯	90g＝半碗

其他食物的一份醣分量

食物名稱	一份醣分量	食物名稱	一份醣分量
冬粉（乾）	15g＝半把	米粉（濕）	30～50g＝八分滿碗
藕粉	20g＝3 匙免洗湯匙	粉圓（波霸）	30g＝熟 2 匙免洗湯匙＝10 顆
米粉（乾）	20g	蛋餅皮、蔥油餅皮（冷凍）	35g
河粉（濕）	25g	米苔目（濕）	50g＝1 平碗
紅豆、綠豆、花豆	25g＝2 匙免洗湯匙	皇帝豆	65g＝半碗

乳品類的一份醣分量

食物名稱	一份醣分量	食物名稱	一份醣分量
全脂鮮奶	1 杯＝240cc	無糖優格	3/4 杯＝210g
低脂鮮奶 / 低脂起司	1 杯＝240cc / 2 片	全脂奶粉	35g＝4 匙免洗湯匙
脫脂鮮奶	1 杯＝240cc	低脂奶粉	25g＝3 匙免洗湯匙
無糖優酪乳	1 杯＝240cc	脫脂奶粉	25g＝2.5 匙免洗湯匙

附錄三

快速掌握一份醣 ③
水果類

「133 低醣餐盤」每餐吃一份醣＝ 15 公克碳水化合物，

大約是一個拳頭的分量，或是碗裝八分滿，

只要使用家中碗（240cc）、免洗湯匙、量杯，即可掌握分量。

解答：香蕉 1/2 根、百香果約 2 個、紅西瓜 180 公克。

水果類的一份醣分量

食物名稱	一份醣分量	食物名稱	一份醣分量
榴槤	45g ＝約 2 平匙	百香果	140g ＝約 2 個
釋迦	60g	玫瑰桃	145g
香蕉	70g ＝ 1/2 根	水梨	145g
櫻桃	80g	水蜜桃	145g
紅毛丹	80g	木瓜	150g
葡萄	85g	愛文芒果	150g
龍眼	90g	哈密瓜	150g
荔枝	100g	芭樂	160g
西洋梨	105g	草莓	160g
奇異果	105g	蓮霧	165g
鳳梨	110g	葡萄柚	165g
蘋果	115g	文旦	165g
加州李	120g	楊桃	170g
柑橘	120g	紅西瓜	180g
柳丁	130g	小番茄	220g
棗子	130g		

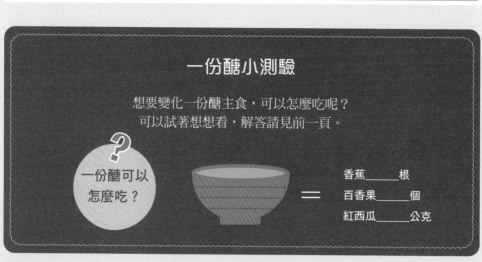

一份醣小測驗

想要變化一份醣主食，可以怎麼吃呢？
可以試著想想看，解答請見前一頁。

一份醣可以
怎麼吃？

＝

香蕉＿＿＿＿根
百香果＿＿＿＿個
紅西瓜＿＿＿＿公克

「豆魚蛋肉類」的
手掌測量法 ①
小型手掌

「133 低醣餐盤」每餐至少需吃 3 份蛋白質，可利用自己的手掌來測量「豆魚蛋肉類」的分量，不過每個人的手掌大小不同，先測量一下自己的手掌大小，較能準確估算出分量。

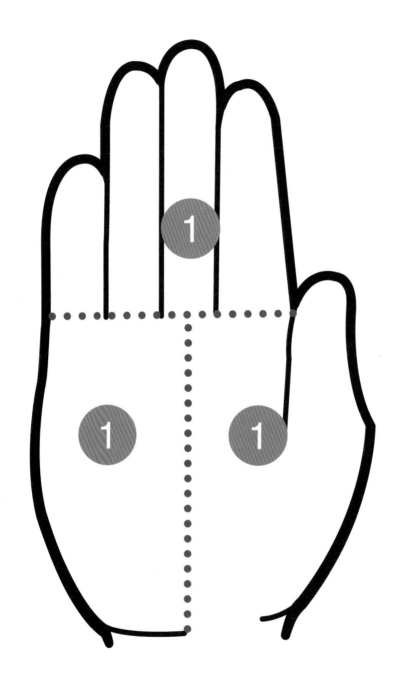

註 1：此為百分百等比例大小。

註 2：此手掌大小代表有三份豆魚蛋肉類。

註 3：身高約是少於 165 公分者（手掌大小因人而異）。

「豆魚蛋肉類」的
手掌測量法 ②
中型手掌

「133 低醣餐盤」每餐至少需吃 3 份蛋白質，可利用自己的手掌來
測量「豆魚蛋肉類」的分量，不過每個人的手掌大小不同，先測量
一下自己的手掌大小，較能準確估算出分量。

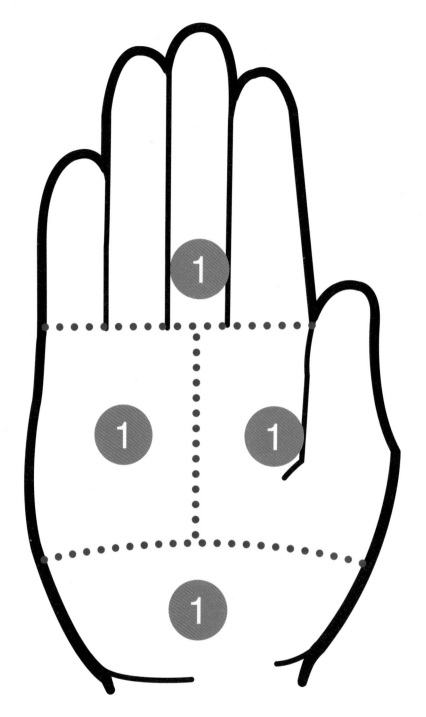

註 1：此為百分百等比例大小。

註 2：此手掌大小代表有四份豆魚蛋肉類。

註 3：身高約是介於 165 ～ 175 公分者（手掌大小因人而異）。

「豆魚蛋肉類」的
手掌測量法 ③
大型手掌

「133 低醣餐盤」每餐至少需吃 3 份蛋白質，可利用自己的手掌來
測量「豆魚蛋肉類」的分量，不過每個人的手掌大小不同，先測量
一下自己的手掌大小，較能準確估算出分量。

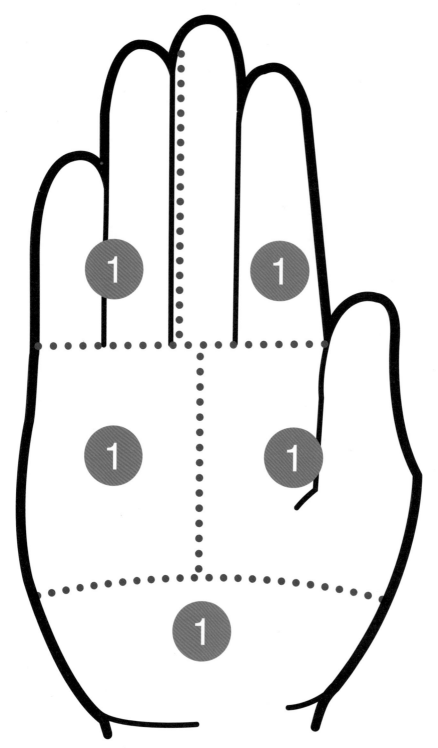

註 1：此為百分百等比例大小。

註 2：此手掌大小代表有五份豆魚蛋肉類。

註 3：身高約是大於 175 公分者（手掌大小因人而異）。

「糖尿病友的控糖日記

【範例】

日期	早餐前／後		午餐前／後		晚餐前／後		睡前／半夜
時間	07：20	09：20	12：00	14：10	18：30	19：00	2300
血糖	91	213	136	117	138	185	167
醣類	57g		30g		45g		15g
胰島素	速效 5 單位		速效 6 單位		速效 6 單位		速效 8 單位
飲食內容	* 奶粉 3 匙 * 黑咖啡少許 * 肉包 1 個		* 便當飯 1/3 盒 * 爌肉手掌心大 1 塊 * 香腸 1 條 * 炒蔬菜		* 飯 8 分滿 / 碗 * 炒蔬菜 1 碗 * 吻仔魚 2 匙 * 排骨菜頭湯 1 碗 （菜頭半碗、 排骨 2 小塊）		蘋果 8 分滿 / 碗
運動種類與時間	20：00 走路 30 分鐘						
特殊事件與時間	16：30 血糖 56，葡萄糖膠 1 包						

【我的控糖日記】

日期	早餐前／後		午餐前／後		晚餐前／後		睡前／半夜
時間							
血糖							
醣類							
胰島素							
飲食內容							
運動種類與時間							
特殊事件與時間							

【我的控糖日記】

日期	早餐前／後		午餐前／後		晚餐前／後		睡前／半夜
時間							
血糖							
醣類							
胰島素							
飲食內容							
運動種類與時間							
特殊事件與時間							

【我的控糖日記】

日期	早餐前／後		午餐前／後		晚餐前／後		睡前／半夜
時間							
血糖							
醣類							
胰島素							
飲食內容							
運動種類與時間							
特殊事件與時間							

可直接剪下或是影印，貼在冰箱上，方便查詢。

【我的控糖日記】

日期	早餐前／後		午餐前／後		晚餐前／後		睡前／半夜
時間							
血糖							
醣類							
胰島素							
飲食內容							
運動種類與時間							
特殊事件與時間							

【我的控糖日記】

日期	早餐前／後		午餐前／後		晚餐前／後		睡前／半夜
時間							
血糖							
醣類							
胰島素							
飲食內容							
運動種類與時間							
特殊事件與時間